立创EDA（专业版）电路设计与制作快速入门

◎ 钟世达　张沛昌　主编
◎ 唐　浒　彭芷晴　副主编
◎ 周小安　审校

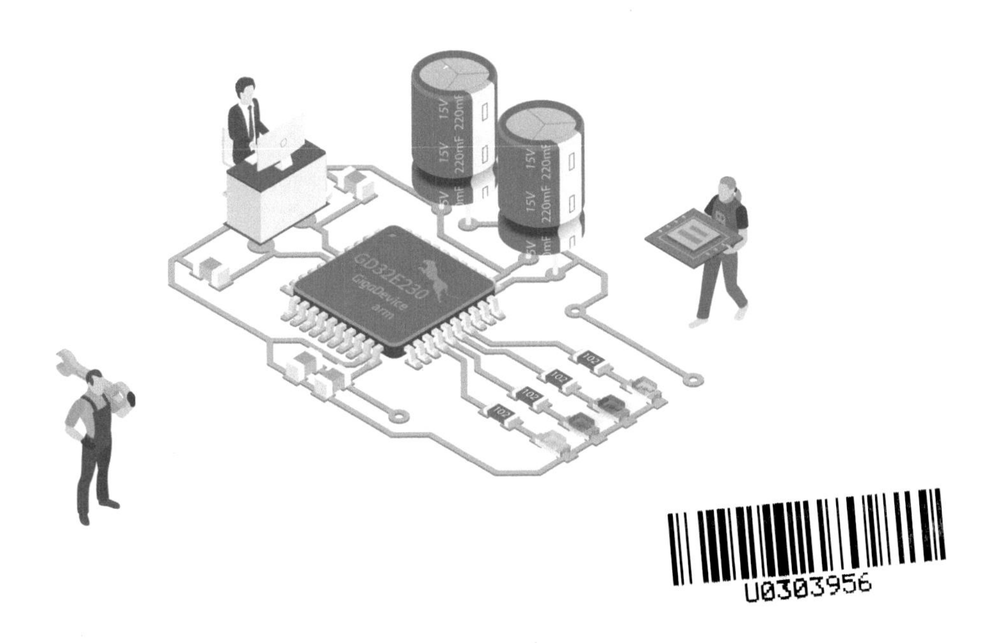

電子工業出版社
Publishing House of Electronics Industry
北京 · BEIJING

内 容 简 介

本书以深圳市嘉立创科技发展有限公司的立创 EDA 设计工具为平台，以 GD32E230 核心板为实践载体，介绍电路设计与制作的全过程。主要内容包括基于 GD32E230 核心板的电路设计与制作流程、GD32E230 核心板介绍、GD32E230 核心板程序下载与验证、立创 EDA（专业版）介绍、GD32E230 核心板原理图设计及 PCB 设计、元件库、导出生产文件、制作电路板、GD32E230 核心板焊接。本书所有知识点均围绕着 GD32E230 核心板，希望读者学习完本书，能够快速设计并制作出一块属于自己的电路板，同时掌握电路设计与制作过程中涉及的所有基本技能。

本书既可以作为高等院校相关专业的电路设计与制作实践课程教材，也可作为电路设计及相关行业工程技术人员的入门培训用书。

图书在版编目（CIP）数据

立创 EDA（专业版）电路设计与制作快速入门 / 钟世达，张沛昌主编 . —北京：电子工业出版社，2022.2
ISBN 978-7-121-42696-4

Ⅰ . ①立…　Ⅱ . ①钟… ②张…　Ⅲ . ①印刷电路－计算机辅助设计－应用软件－教材　Ⅳ . ① TN410.2

中国版本图书馆 CIP 数据核字（2022）第 015128 号

责任编辑：张小乐
印　　刷：北京捷迅佳彩印刷有限公司
装　　订：北京捷迅佳彩印刷有限公司
出版发行：电子工业出版社
　　　　　北京市海淀区万寿路 173 信箱　邮编　100036
开　　本：787×1 092　1/16　印张：9.75　字数：250 千字
版　　次：2022 年 2 月第 1 版
印　　次：2025 年 2 月第 13 次印刷
定　　价：49.00 元

凡所购买电子工业出版社图书有缺损问题，请向购买书店调换。若书店售缺，请与本社发行部联系，联系及邮购电话：（010）88254888，88258888。

质量投诉请发邮件至 zlts@phei.com.cn，盗版侵权举报请发邮件至 dbqq@phei.com.cn。

本书咨询联系方式：（010）88254462，zhxl@phei.com.cn。

前　言

工欲善其事，必先利其器。EDA（Electronic Design Automation）软件是芯片设计中重要的软件设计工具。利用EDA软件，工程师将芯片的电路设计、性能分析、IC版图设计的整个过程交由计算机处理完成。但是这一如此重要的产业，不管是国内还是全球的市场份额都主要由三大巨头公司Synopsys、Cadence和Mentor垄断。

鉴于当下的形势，芯片和EDA软件的国产化替代产品的研发刻不容缓。国产化之路，道阻且长，但行则将至，行而不辍，未来可期。

立创EDA，一个用心为中国人定制的电路板开发平台，继标准版之后，又推出了专业版。标准版的产品设计思想是在低配置的计算机上快速且高效地设计非复杂电路，专业版的产品设计思想是在较高配置的计算机上规范、可靠地设计产品，使设计效率更高，产品设计更规范，电路也可以更复杂。

为使初学者可以快速入门，本书以立创EDA（专业版）为工具，以GD32E230核心板为实践载体，将电路设计与制作这个系统工作拆解，分为GD32E230核心板程序下载与验证原理图设计、PCB设计、创建元件库、导出生产文件、制作电路板及核心板焊接7部分来介绍。同时，在操作过程中，本书还注重对各种规范的介绍。本书在编写过程中，遵循小而精的理念，只重点介绍GD32E230核心板电路设计与制作过程中使用到的技能和知识点，未涉及的内容尽量省略。

本书具有以下主要特点：

（1）选用立创EDA（专业版）软件，具有永久免费、简单易用、资源共享、功能齐全，以及设计、采购和制造一体化的特点。

（2）以GD32E230核心板作为实践载体，微控制器选取高性价比的国产芯片GD32E230C8T6。

（3）用一个核心板贯穿整个电路设计与制作的过程，将所有关键技能有效、合理地串联在一起。

（4）详细介绍电路设计与制作过程中使用到的技能，未涉及的技能不予介绍。

（5）详细介绍具有较强实践性的环节，如电路板焊接、元件采购、PCB打样、PCB贴片、工具使用等。

（6）将各种规范贯穿于整个电路板设计与制作的过程中，如工程和文件命名规范、版本规范、BOM格式规范等。

（7）配套完整的资料包，包括元件数据手册、PDF 版本原理图、PPT 讲义、软件、嵌入式工程、视频教程等。下载地址可通过微信公众号“卓越工程师培养系列”获取。

本书的编写得到了深圳市嘉立创科技发展有限公司贺定球、莫志宏、吴秋菊、刘传涛的大力支持；深圳市乐育科技有限公司的彭芷晴、郭文波参与了本书的编写；深圳大学的周小安副教授对全书进行了审校；本书的出版得到了电子工业出版社的鼎力支持，张小乐编辑为本书的顺利出版做了大量的工作。一并向他们表示衷心的感谢。

由于编者水平有限，书中难免有不成熟和错误的地方，恳请读者批评指正。读者反馈发现的问题、获取相关资料或遇实验平台技术问题，可发邮件至深圳市乐育科技有限公司官方邮箱：ExcEngineer@163.com。

编　者

2022 年 1 月

目　录

1　基于 GD32E230 核心板的电路设计与制作流程

电路设计与制作是每个电子相关专业，如电子信息工程、光电工程、自动化、电子科学与技术、生物医学工程、医疗器械工程等，必须掌握的技能。本章将详细介绍基于 GD32E230 核心板的电路设计与制作流程，帮助读者对电路设计与制作的过程建立总体的认识。由于本书在介绍电路设计与制作技能时，既包含电路设计的软件操作部分，又包含电路制作实践环节，因此，为方便读者学习和实践，本书配套有相关的资料包和开发套件。本章的最后两节将对资料包和开发套件进行简单介绍。

学习目标：

- 了解什么是 GD32E230 核心板。
- 了解 GD32E230 核心板的设计与制作流程。
- 熟悉本书配套资料包的构成。
- 熟悉本书配套开发套件的构成。

1.1　什么是 GD32E230 核心板

本书将以 GD32E230 核心板为载体对电路设计与制作过程进行详细介绍。那么，到底什么是 GD32E230 核心板？

GD32E230 核心板是由通信－下载模块接口电路、电源转换电路、独立按键电路、复位按键电路、OLED 显示屏接口电路、晶振电路、LED 电路、GD32 微控制器电路和外扩引脚电路组成的电路板。

GD32E230 核心板如图 1-1 所示，其中 CN1 为通信－下载模块接口（XH-6P 母座），H1 为 OLED 显示屏接口（双排 2×4P 母座），PWR_LED 为电源指示灯，LED1 和 LED2 为信号指示灯，RST（按键）为系统复位按键，KEY1、KEY2、KEY3 为普通按键，H2 为外扩引脚。

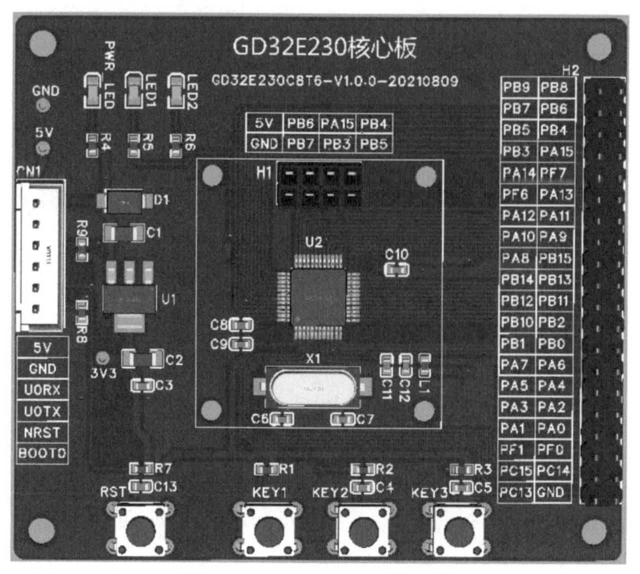

图 1-1 GD32E230 核心板

GD32E230 核心板要正常工作，还需要搭配一套通信 - 下载模块和一块 OLED 显示屏。通信 - 下载模块主要用于计算机与 GD32 之间的串口通信，当然，该模块也可以对 GD32 进行程序下载。OLED 显示屏则用于显示参数。GD32E230 核心板、通信 - 下载模块、OLED 显示屏的连接图如图 1-2 所示。

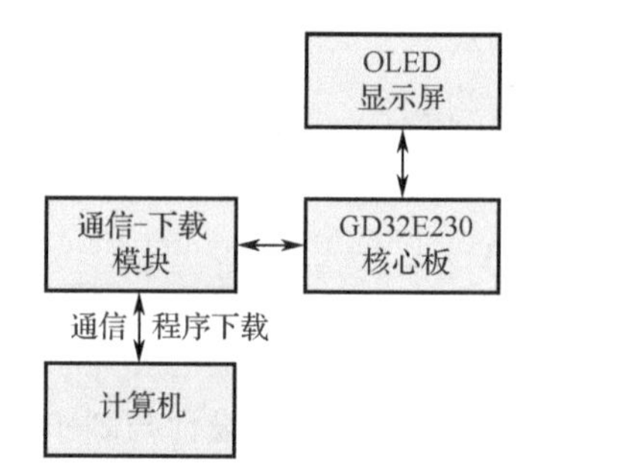

图 1-2 GD32E230 核心板正常工作时的连接图

1.2 为什么选择 GD32E230 核心板

作为电路设计与制作的载体，有很多电路板可以选择，本书选择 GD32E230 核心板作为载体的主要原因有以下几点。

（1）GD32E230 系列超值型微控制器作为 GD32 微控制器家族基于 Cortex-M23 内核的首个产品系列，采用了业界领先的 55nm 低功耗工艺制程，着眼于超低开发预算需求。GD32E230 系列基础型号的微控制器，具备小尺寸、低成本、高能效和灵活性的优势，并以超值特性在业界引领 Cortex-M23 内核的全面普及。

（2）GD32E230 系列微控制器提供 18 个产品型号，包括 LQFP48、LQFP32、QFN32、

QFN28、TSSOP20及QFN20六种封装类型选择，芯片面积从7mm×7mm至3mm×3mm，以设计灵活性和兼容度轻松应对飞速发展的智能应用挑战。GD32E230C8T6芯片在GD32E230系列中属于引脚数量多（48个引脚）、功能齐全的微控制器。

（3）GD32E230核心板包括电源电路、数字电路、下载电路、晶振电路、接口电路、I/O外扩电路、简单外设电路等基本且必须掌握的电路，这符合本书“小而精”的理念。

（4）GD32E230核心板可以完成从初级入门实验（如流水灯、按键输入），到中级实验（如定时器、串口通信、ADC采样、DAC输出），再到复杂实验（如OLED显示、UCOS操作系统）等至少20个实验。这些实验基本能够代表GD32微控制器开发的各类实验，为初学者后续快速掌握GD32微控制器编程技术奠定了基础。

（5）由本书作者编写的《GD32E230开发标准教程》同样基于GD32E230C8T6芯片。因此，初学者可以直接使用自己设计与制作的GD32E230核心板，进入GD32E230微控制器软件设计学习中，既能验证自己的核心板，又能充分利用已有资源。

1.3 电路设计与制作流程

传统的电路设计与制作流程一般分为8个步骤：（1）需求分析；（2）电路仿真；（3）绘制原理图符号库；（4）绘制PCB封装；（5）绘制原理图；（6）设计PCB；（7）导出生产文件；（8）制作电路板。具体如表1-1所示。

表1-1 传统电路设计与制作流程

步骤	流程	具体工作
1	需求分析	按照需求，设计一个电路原理图
2	电路仿真	使用电路仿真软件，对设计好的电路原理图的一部分或全部进行仿真，验证其功能是否正确
3	绘制原理图符号库	绘制电路中使用到的原理图符号
4	绘制PCB封装	绘制电路中使用到的元件的PCB封装
5	绘制原理图	加载原理图符号库，在PCB设计软件中绘制原理图，并进行电气规则检查
6	设计PCB	将原理图导入PCB设计环境中，对电路板进行布局和布线
7	导出生产文件	导出生产相关的文件，包括BOM、Gerber文件及坐标文件
8	制作电路板	按照导出的文件进行电路板打样、贴片或焊接，并对电路板进行验证

这种传统流程主要针对已经熟练掌握电路板设计与制作各项技能的工程师。而对于初学者来说，要完全掌握这些技能，并最终设计制作出一块电路板，不仅需要有超强的耐力坚持到最后一步，更要有严谨的作风，保证每一步都不出错。

在传统流程的基础上，本书做了如下改进：（1）不求全面覆盖，比如对需求分析和电路仿真技能不做介绍；（2）增加了焊接部分，加强实践环节，让初学者对电路理解更加深刻；（3）所有内容的介绍都聚焦于一块GD32E230核心板；（4）每一步的执行都不依赖于其他步骤，原理图和 PCB 设计过程可以使用现成的元件库而无须自己制作。

这样改进的好处包括：每一步都能很容易获得成功，这种成就感会激发初学者内在的兴趣，从而由兴趣引导其迈向下一步；聚焦于一块 GD32E230 核心板，让所有的技能都能学以致用，并最终制作出一块 GD32E230 核心板。

本书以 GD32E230 核心板为载体，将电路设计与制作分为 8 个步骤，如表 1-2 所示，下面对各流程进行详细介绍。

表 1-2　本书电路设计与制作流程

步　骤	流　程	具体工作	章　节
1	GD32E230 核心板程序下载与验证	向 GD32E230 核心板下载程序，验证本书配套的核心板是否能正常工作	第 3 章
2	熟悉 PCB 设计工具	熟悉立创 EDA（专业版）	第 4 章
3	设计 GD32E230 核心板原理图	参照本书提供的 PDF 格式的 GD32E230 核心板原理图，在立创 EDA（专业版）中绘制 GD32E230 核心板原理图	第 5 章
4	设计 GD32E230 核心板 PCB	将原理图导入 PCB 设计环境中，对 GD32E230 核心板电路进行布局和布线	第 6 章
5	创建元件库	创建器件库、符号库和封装库	第 7 章
6	导出生产文件	导出生产相关的文件，包括 BOM、Gerber 文件及坐标文件	第 8 章
7	制作 GD32E230 核心板	按照导出的文件进行 GD32E230 核心板打样和贴片，并对电路板进行验证	第 9 章
8	焊接 GD32E230 核心板	以本书配套的 GD32E230 核心板空板为目标，使用焊接工具分步焊接电子元件，边焊接边测试验证	第 10 章

1. GD32E230 核心板程序下载与验证

这一步要求将 GD32E230 核心板、通信 - 下载模块、OLED 显示屏、USB 线、XH-6P 双端线等连接起来，并在计算机上使用 GigaDevice MCU ISP Programmer.exe 软件，将程序下载到 GD32E230C8T6 芯片中，检查 GD32E230 核心板是否能够正常工作。通过这一流程可快速了解 GD32E230 核心板的构成及其基本工作方式。

2. 熟悉 PCB 设计工具

本书使用立创 EDA（专业版）作为 PCB 设计工具，熟悉立创 EDA（专业版）的使用方法。

3. 设计 GD32E230 核心板原理图

使用立创 EDA（专业版）的元件库，参照 GD32E230 核心板原理图（参见附录或本书资料包中的 PDFSchDoc 文件夹），使用立创 EDA（专业版）绘制 GD32E230 核心板的原理图。

4. 设计 GD32E230 核心板 PCB

首先将 GD32E230 核心板原理图导入 PCB 设计环境中，然后对 GD32E230 核心板进行布局和布线。

5. 创建元件库

创建器件库、符号库和封装库。

6. 导出生产文件

通过立创 EDA（专业版）导出 PCB 生产文件，包括 BOM、Gerber 文件及坐标文件等。

7. 制作 GD32E230 核心板

GD32E230 核心板的制作包括 PCB 打样和贴片，可通过 PCB 加工企业的网站进行网上 PCB 打样下单及贴片下单。

8. 焊接 GD32E230 核心板

根据物料清单（也称 BOM）准备相应的元件，根据工具清单准备相应的焊接工具，如电烙铁、万用表、焊锡、镊子和松香等[①]。通过准备物料和工具，可初步认识元件及各种焊接工具和材料。

利用开发套件提供的 3 块空电路板，以及准备好的物料和焊接工具，按照说明将元件焊接到电路板上，边焊接边调试。通过这一步操作的训练，读者应掌握电路板焊接技能，熟练掌握电烙铁、镊子和万用表的使用。

1.4 本书提供的资料包

本书配套资料包名称为“《立创 EDA 专业版电路设计与制作快速入门教程》资料包”（可以通过微信公众号“卓越工程师培养系列”提供的链接进行下载）。

资料包由若干文件夹组成，如表 1-3 所示。

表 1-3 本书提供的资料包清单

序 号	文 件 夹 名	文件夹介绍
1	Datasheet	存放了 GD32E230 核心板所使用到的元件的数据手册，便于读者查阅
2	PDFSchDoc	存放了 GD32E230 核心板的 PDF 版本原理图
3	PPT	存放了各章的 PPT 讲义
4	ProjectStepByStep	存放了布线过程中各个关键步骤的 PCB 工程彩色图片
5	SoftWare	存放了本书中使用到的软件，如 GigaDevice MCU ISP Programmer.exe、SSCOM，以及驱动软件，如 CH340 驱动软件
6	GD32KeilProject	存放了 GD32E230 核心板的嵌入式工程，基于 MDK 软件
7	Video	存放了本书配套的视频教材

1.5 本书配套开发套件

本书配套的 GD32E230 核心板开发套件（可以通过微信公众号“卓越工程师培养系列”

① 这些物料和焊接工具，读者可以根据提供的清单自行采购，也可以通过微信公众号“卓越工程师培养系列”提供的链接进行打包采购。

提供的链接获取）由基础包、物料包、工具包组成，其中基础包包括 1 个通信 - 下载模块、1 块 GD32E230 核心板、1 根 Mini-USB 线、1 条 XH-6P 双端线、3 块 GD32E230 核心板的 PCB 空板、3 套物料包，工具包包括电烙铁、镊子、焊锡、万用表、松香、吸锡带，如表 1-4 所示。

表 1-4　GD32 开发套件物品清单

序　号	物品名称	物品图片	数　量	单　位	备　注
1	通信 - 下载模块	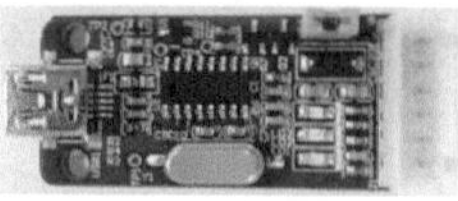	1	个	用于微控制器程序下载、微控制器与计算机之间通信
2	GD32E230 核心板		1	块	电路设计与制作的最终实物，用于作为设计过程中的参考
3	Mini-USB 线		1	条	连接通信 - 下载模块与计算机
4	XH-6P 双端线	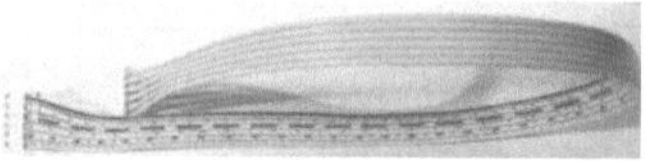	1	条	一端连接通信 - 下载模块，另一端连接 GD32E230 核心板
5	PCB 空板		3	块	用于焊接训练
6	物料包		3	套	用于焊接训练

续表

序 号	物品名称	物品图片	数 量	单 位	备 注
7	电烙铁		1	套	用于焊接训练
8	镊子		1	个	用于焊接训练
9	焊锡		1	卷	用于焊接训练
10	万用表	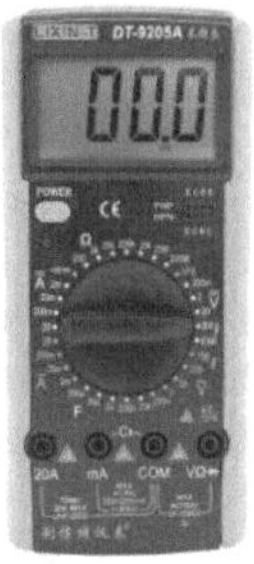	1	台	用于进行焊接过程中的各项测试
11	松香		1	盒	用于焊接训练
12	吸锡带		1	卷	用于焊接训练

本章任务

学习完本章后，要求熟悉 GD32E230 核心板的电路设计与制作流程，并下载本书配套的资料包，准备好配套的开发套件。

本章习题

1．什么是 GD32E230 核心板？
2．简述传统的电路设计与制作流程。
3．简述本书提出的电路设计与制作流程。
4．通信 - 下载模块的作用是什么？
5．焊接电路板的工具都有哪些？简述每种工具的功能。
6．万用表是进行焊接和调试电路板时最常用的仪器，简述万用表的功能。

2 GD32E230 核心板介绍

第 1 章介绍了 GD32E230 核心板的设计与制作流程。本章进一步介绍 GD32E230 核心板的各个电路模块，并简要介绍可以在 GD32E230 核心板上开展的实验，以使读者在完成电路板的设计与制作之后，既能方便地继续学习 GD32 微控制器，还可以对 GD32E230 核心板进行深层次的验证。

学习目标：

- 了解 GD32 芯片。
- 了解 GD32E230 核心板的各个电路模块。

2.1 GD32 芯片介绍

“兆易创新”公司成立已有 15 年，其生产的存储器产品位列中国 SPI Nor Flash 市场首位，全球前三，年出货量超 30 亿颗。凭借存储行业的深厚基础并与 ARM 内核授权合作，顺理成章地在 2013 年在行业内率先切入 MCU（微控制器）市场，持续打造中国 32 位通用 MCU 品牌，并已成为市场开发应用的主流之选。目前已经提供了 28 个产品系列，370 余款 MCU，在产品覆盖、开发生态和服务网络等方面都获得了巨大的成功，迄今已交付 2 万余家客户，出货数量已超过 5 亿颗。

目前，GD32 产品家族提供 4 种 ARM 内核 MCU，包括 Cortex-M3、Cortex-M4、Cortex-M23 和 Cortex-M33，覆盖了从入门级、主流型到高性能应用的多种设计需求。Cortex-M23 内核产品作为高性价比的入门级选择，可用来替代传统的 8 位和 16 位 MCU，同时具备小尺寸、低成本、高能效和灵活性的优势，并支持安全性扩展的最新嵌入式应用解决方案。

GD32E230 系列产品片上集成了多达 5 个 16 位通用定时器、1 个 16 位基本定时器和 1 个多通道 DMA 控制器。通用接口包括 2 个 USART、2 个 SPI、2 个 I^2C、1 个 I^2S。另外，还提供 1 个支持三相脉宽调制 PWM 输出和霍尔采集接口的 16 位高级定时器、1 个高速轨到轨 I/O 模拟电压比较器、1 个 12 位 2.6MSPS 采样率的高性能 ADC。

GD32E230 系列产品已采用 1.8 ～ 3.6V 宽电压供电，I/O 接口可承受 5V 电压。全新设计的电压域支持高级电源管理，并针对节能便携等低功耗应用场合提供了三种省电模式。在所有外设全速运行模式下的最大工作电流仅为 118μA/MHz，深度睡眠模式下的电流更下降了 86%，电池供电 RTC 时的待机电流仅为 0.7μA，在确保高性能的同时实现了最佳能效。此外，具备 6kV 静电防护（ESD）和优异的电磁兼容（EMC）能力，全部符合工业级高可靠性和温度标准。

GD32E230 系列微控制器全面适用于工业自动化、电机控制、LED 显示、家用电器及电子玩具、智慧城市与智能家居、电子支付、电动车、飞行器、机器人等多种应用场合。

2.2 GD32E230 核心板电路简介

本节将详细介绍 GD32E230 核心板的各电路模块，以便读者更好地理解后续原理图设计和 PCB 设计的内容。

2.2.1 通信 - 下载模块接口电路

工程师编写完程序后，需要通过通信 - 下载模块将 .hex（或 .bin）文件下载到 GD32 芯片中。通信 - 下载模块向上与计算机连接，向下与 GD32E230 核心板连接，通过计算机上的 GigaDevice MCU ISP Programmer.exe 下载工具，就可以将程序下载到 GD32 芯片中。通信 - 下载模块除具备程序下载功能外，还担任着"通信员"的角色，即可以通过通信 - 下载模块实现计算机与 GD32 芯片之间的通信。此外，通信 - 下载模块还为 GD32E230 核心板提供 5V 电压。注意，通信 - 下载模块既可以输出 5V 电压，也可以输出 3.3V 电压，本书中的实验均要求在 5V 电压环境下实现，因此，在连接通信 - 下载模块与 GD32E230 核心板时，需要将通信 - 下载模块的电源输出开关拨到 5V 挡位。

GD32E230 核心板通过一个 XH-6A 的底座连接到通信 - 下载模块，通信 - 下载模块再通过 USB 线连接到计算机的 USB 接口，通信 - 下载模块接口电路如图 2-1 所示①。GD32E230 核心板只要通过通信 - 下载模块连接到计算机，标识为 PWR_LED 的蓝色 LED 就会处于点亮状态。R4 电阻起到限流的作用，防止蓝色 LED 被烧坏。

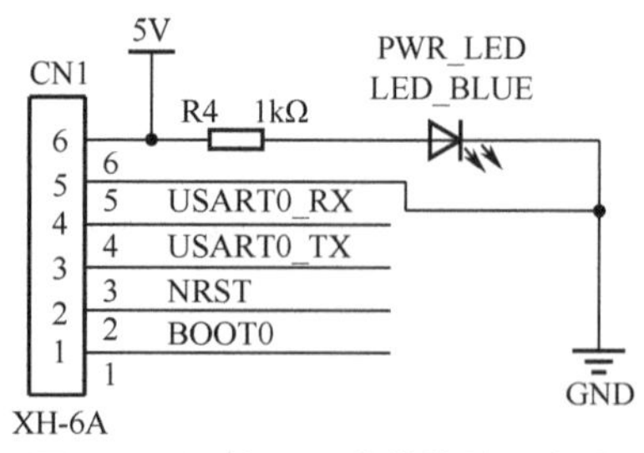

图 2-1 通信 - 下载模块接口电路

由图 2-1 可以看出，通信 - 下载模块接口电路共有 6 个引脚，引脚说明如表 2-1 所示。

① 书中采用的模块电路图截取自附录中的原理图，为了方便读者操作，全书保持一致，其中部分元件符号与国标有出入，特此说明。

表 2-1　通信－下载模块接口电路引脚说明

引脚序号	引脚名称	引脚说明	备　注
1	BOOT0	启动模式选择 BOOT0	GD32E230 核心板 BOOT0 固定为低电平
2	NRST	GD32E230C8T6 复位	
3	USART0_TX	GD32E230C8T6 的 USART0 发送端	连接通信－下载模块的接收端
4	USART0_RX	GD32E230C8T6 的 USART0 接收端	连接通信－下载模块的发送端
5	GND	接地	
6	VCC_IN	电源输入	5V 供电，为 GD32E230 核心板提供电源

2.2.2　电源转换电路

图 2-2 所示为 GD32E230 核心板的电源转换电路，将 5V 输入电压转换为 3.3V 输出电压。通信－下载模块的 5V 电源与 GD32E230 核心板电路的 5V 电源网络相连接，经过低压差线性稳压器 AMS1117-3.3 的降压，在芯片 U1 的输出端（Vout）产生 3.3V 的电压。为了测试方便，在电源转换电路上设计了 3 个测试点，分别为 5V、3V3 和 GND。

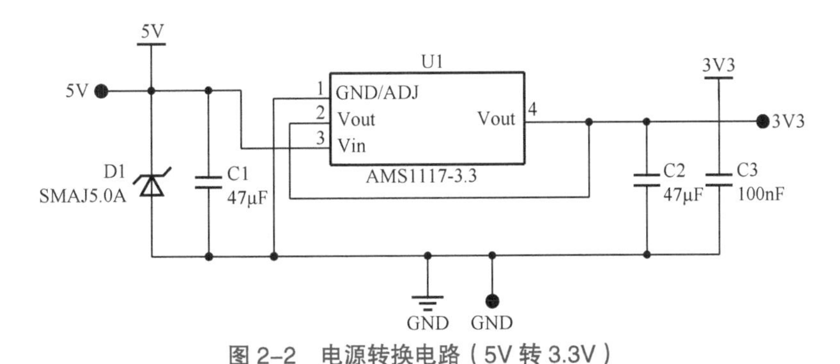

图 2-2　电源转换电路（5V 转 3.3V）

2.2.3　独立按键电路

GD32E230 核心板上有 3 个独立按键，分别为 KEY1、KEY2 和 KEY3，其电路图如图 2-3 所示。KEY2 和 KEY3 按键都与一个电容并联，且通过一个 10kΩ 电阻连接到 3.3V 电源网络。按键未按下时，输入至 GD32E230C8T6 引脚上的电压为高电平；按键按下时，输入至 GD32E230C8T6 引脚上的电压为低电平。KEY2 网络连接到 GD32E230C8T6 芯片的 PA12 引脚，KEY3 网络连接到 PF7 引脚。KEY1 按键的电路与另外两个按键的不同，KEY1 网络连接到 PA0 引脚，PA0 引脚除了可以用作 I/O 接口，还可以通过配置备用功能来实现芯片的唤醒。

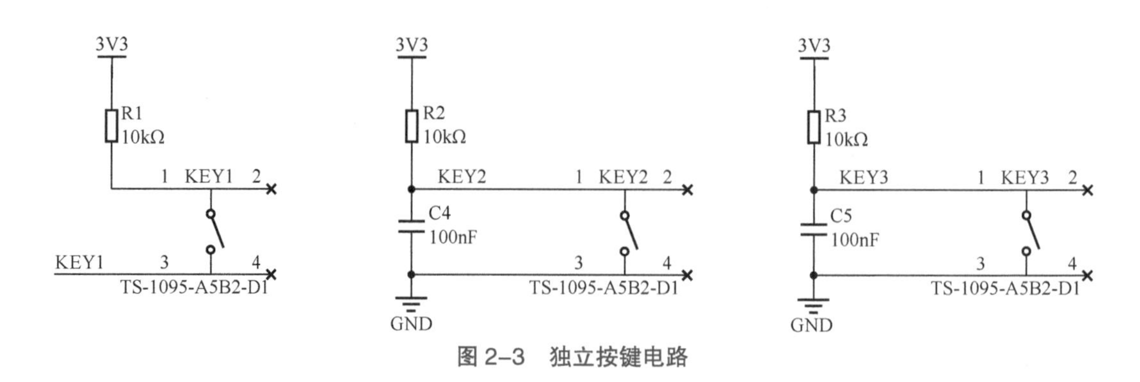

图 2-3　独立按键电路

2.2.4　OLED 显示屏接口电路

本书所使用的 GD32E230 核心板，除了可以通过通信 - 下载模块在计算机上显示数据，还可以通过板载 OLED 显示屏接口电路外接一个 OLED 显示屏进行数据显示，图 2-4 所示为 OLED 显示屏接口电路，该接口电路为 OLED 显示屏提供 5V 电源。

OLED 显示屏是一款集 SSD1306 驱动芯片、0.96 英寸 128×64 分辨率显示屏及驱动电路为一体的集成显示屏，可以通过 SPI 接口控制 OLED 显示屏。OLED 显示模块显示效果如图 2-5 所示。

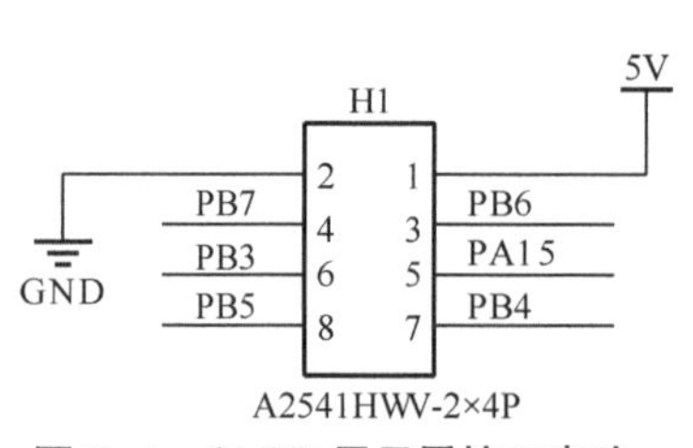

图 2-4　OLED 显示屏接口电路

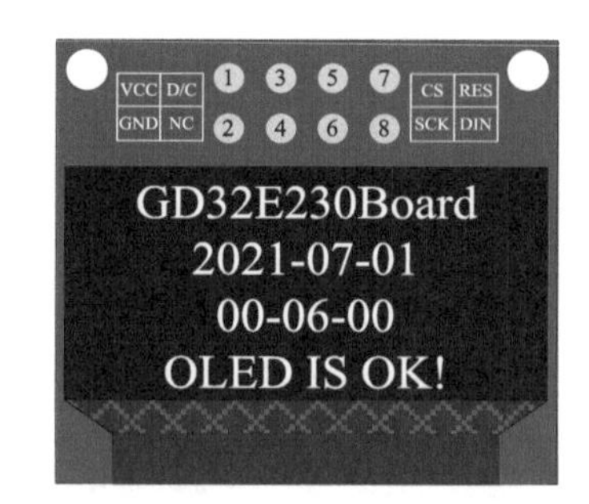

图 2-5　OLED 显示模块显示效果

OLED 显示模块引脚说明如表 2-2 所示，模块上的硬件接口为 2×4Pin 双排排针。

表 2-2　OLED 显示模块引脚说明

序　号	名　称	说　明
1	VCC	电源（5V）
2	GND	接地
3	D/C	数据 / 命令控制，D/C=1，传输数据；D/C=0，传输命令。连接 GD32E230C8T6 的 PB6 引脚
4	NC	未使用，该引脚悬空
5	CS	片选信号，低电平有效，连接 GD32E230C8T6 的 PA15 引脚
6	SCK	时钟线，连接 GD32E230C8T6 的 PB3 引脚
7	RES	复位引脚，低电平有效，连接 GD32E230C8T6 的 PB4 引脚
8	DIN	数据线，连接 GD32E230C8T6 的 PB5 引脚

2.2.5 晶振电路

图 2-6 所示为外接晶振电路，其中 X1 为 8MHz 晶振，连接时钟系统的 HSE（外部高速时钟）。晶振是晶体振荡器的简称，晶振是为微控制器提供工作信号脉冲的，这个脉冲就是微控制器的工作速度，例如 8MHz 晶振，微控制器的工作速度就是每秒 8MHz，当然微控制器的工作频率是有范围的，不能太大，否则工作不稳定。晶振有一个重要的参数——负载电容值，选择与负载电容值相等的并联电容，就可以得到晶振标称的谐振频率。两个电容分别接到晶振的两端，电容的另一端接地，这两个电容串联的容量值就等于负载电容。注意，通常微控制器的引脚都有等效输入电容，这个不能忽略，一般晶振的负载电容为 15pF 或 12.5pF，如果再考虑元件引脚的等效输入电容，则两个 22pF 的电容构成晶振的振荡电路就是较好的选择。

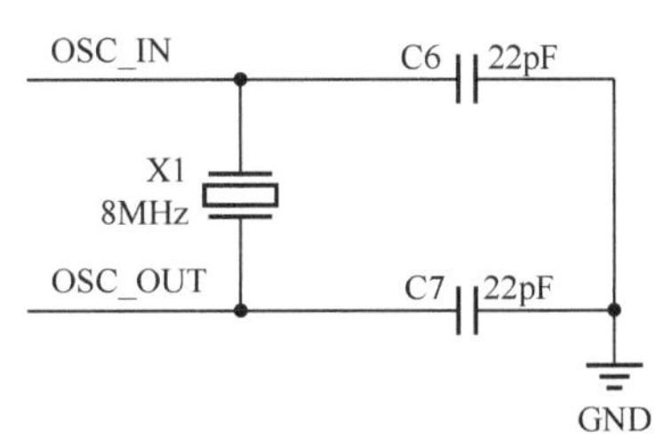

图 2-6 外接晶振电路

2.2.6 LED 电路

除了标识为 PWR_LED 的电源指示 LED，GD32E230 核心板上还有两个 LED，如图 2-7 所示。LED1 为绿色，LED2 为蓝色，每个 LED 分别与一个 330Ω 电阻串联后连接到 GD32E230C8T6 芯片的引脚上。在 LED 电路中，电阻起着分压限流的作用。LED1 和 LED2 网络分别连接到 GD32E230C8T6 芯片的 PA8 和 PB9 引脚上。

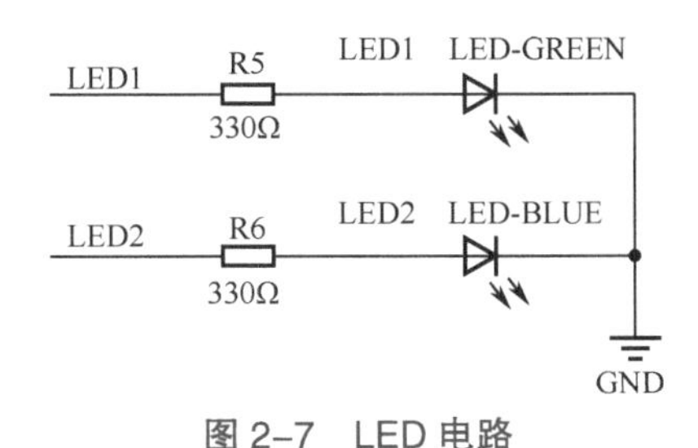

图 2-7 LED 电路

2.2.7 GD32 微控制器电路

图 2-8 所示的 GD32 微控制器电路是 GD32E230 核心板的核心部分，由滤波电容和 GD32 微控制器电路组成。

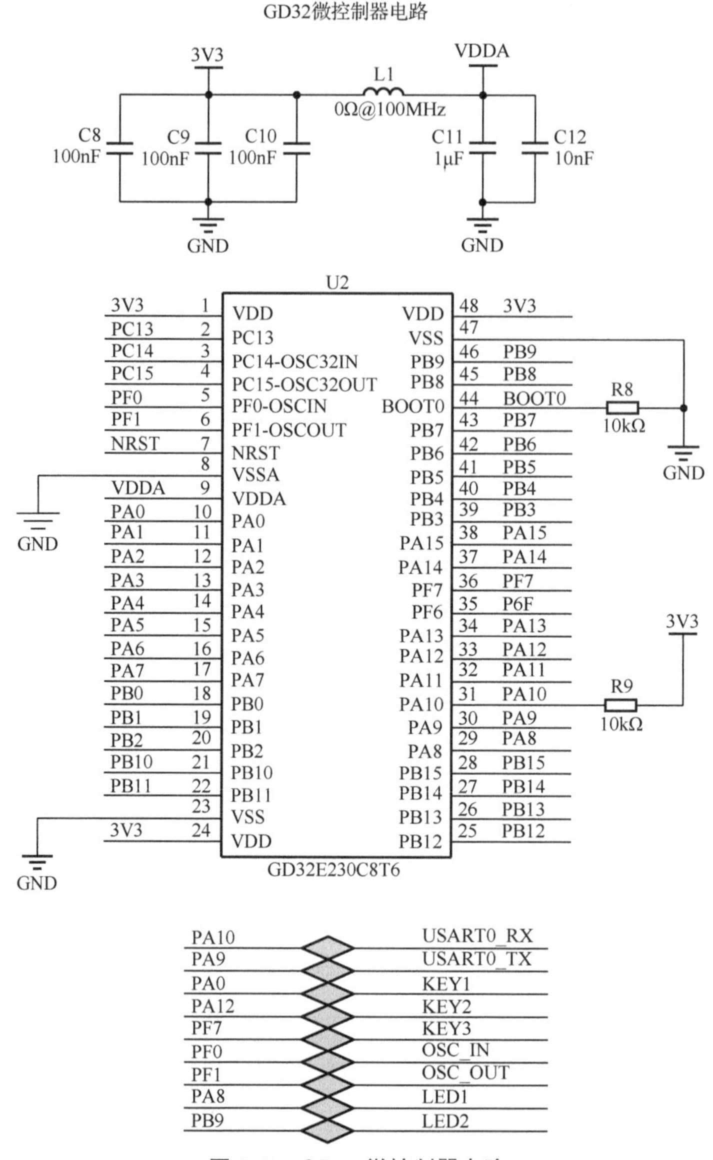

图 2-8　GD32 微控制器电路

电源网络一般都会有高频噪声和低频噪声，而大电容对低频有较好的滤波效果，小电容对高频有较好的滤波效果。GD32E230C8T6 芯片有 3 组数字电源－地引脚，分别是 VDD 和 VSS，还有一组模拟电源－地引脚，即 VDDA、VSSA。C8、C9、C10 这 3 个电容用于滤除数字电源引脚上的高频噪声，C12 用于滤除模拟电源引脚上的高频噪声，C11 用于滤除模拟电源引脚上的低频噪声。为了达到良好的滤波效果，还需要在进行 PCB 布局时，尽可能将这些电容摆放在对应的电源－地回路之间，且布线越短越好。

2.2.8　复位按键

复位按键电路如图 2-9 所示。NRST 引脚通过一个 10kΩ 电阻连接 3.3V 电源网络，因此，用于复位的引脚在默认状态下是高电平，只有当复位按键按下时，NRST 引脚为低电平，GD32E230C8T6 芯片才进行一次系统复位。

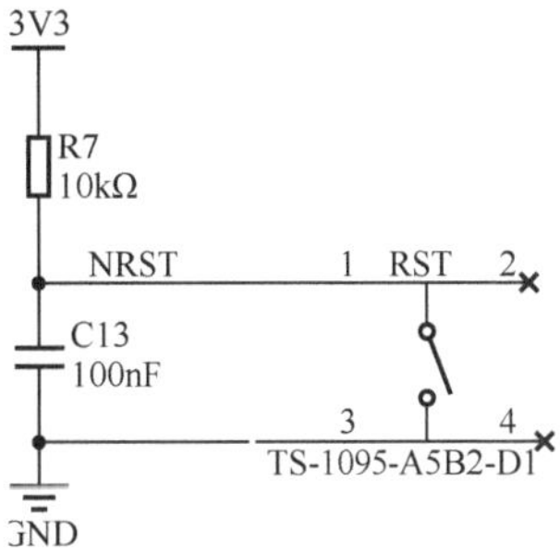

图 2-9 复位按键电路

2.2.9 外扩引脚

GD32E230 核心板上的 GD32E230C8T6 芯片共有 39 个通用 I/O 接口，分别为 PA0 ～ 15、PB0 ～ 15、PC13 ～ 15、PF0、PF1、PF6、PF7。GD32E230 核心板通过 H2 排针引出所有通用 I/O 接口，外扩引脚电路图如图 2-10 所示。读者可以通过排针，自由扩展外设，使 GD32E230 核心板发挥更大的功能。

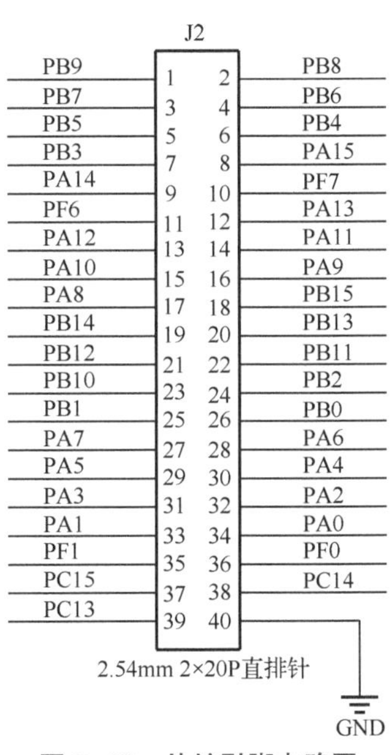

图 2-10 外扩引脚电路图

2.3 基于 GD32E230 核心板可以开展的实验

基于 GD32E230 核心板可以开展的实验非常丰富，这里仅列出具有代表性的 20 个实验，如表 2-3 所示。

表 2-3 GD32E230 核心板可开展的部分实验清单

序　号	实 验 名 称	序　号	实 验 名 称
1	基准工程实验	5	串口通信实验
2	串口电子钟实验	6	定时器中断实验
3	GPIO 与流水灯实验	7	SysTick 实验
4	GPIO 与独立按键输入实验	8	RCU 实验

续表

序 号	实验名称	序 号	实验名称
9	外部中断实验	15	软件模拟 I^2C 与读写 EEPROM 实验
10	DbgMCU 调试实验	16	软件模拟 SPI 与读写 Flash 实验
11	OLED 显示实验	17	TIMER 与 PWM 输出实验
12	RTC 实时时钟实验	18	TIMER 与输入捕获实验
13	独立看门狗定时器实验	19	DAC 实验
14	窗口看门狗定时器实验	20	ADC 实验

本章任务

完成本章的学习后，应重点掌握 GD32E230 核心板的电路原理，以及每个模块的功能。

本章习题

1．简述 GD32E230 系列产品的片上资源有哪些。

2．通信－下载模块接口电路中使用了一个蓝色 LED（PWR_LED）作为电源指示，请问如何通过万用表检测 LED 的正、负端？

3．通信－下载模块接口电路中的电阻（R4）有什么作用？该电阻阻值的选取标准是什么？

4．电源转换电路中的 5V 电源网络能否使用 3.3V 电压？请解释原因。

5．什么是低压差线性稳压器？请结合 AMS1117-3.3 的数据手册，简述低压差线性稳压器的特点。

6．低压差线性稳压器的输入端和输出端均有电容（C1、C2、C3），请问这些电容的作用是什么？

7．电路板上的测试点有什么作用？哪些位置需要添加测试点？请举例说明。

8．电源电路中的磁珠（L1）和电容（C11、C12）有什么作用？

9．独立按键电路中的电容有什么作用？

10. 独立按键电路为什么要通过一个电阻连接 3.3V 电源网络？为什么不直接连接 3.3V 电源网络？

3 GD32E230 核心板程序下载与验证

本章介绍 GD32E230 核心板的程序下载与验证，即先将 GD32E230 核心板连接到计算机上，再通过软件向 GD32E230 核心板下载程序，观察 GD32E230 核心板的工作状态。传统的电路设计流程是：先进行设计，然后制作，最后才是验证。考虑到本书主要针对初学者，因此将传统流程颠倒过来，先验证电路板，再介绍如何设计电路板，最后制作电路板。这样做的好处是让初学者开门见山，手中先有一个样板，在后续的电路设计和焊接环节就能够进行参考对照，以便快速掌握电路设计与制作的各项技能。

学习目标：

➢ 掌握通过通信 - 下载模块对 GD32E230 核心板进行程序下载的方法。

➢ 了解 GD32E230 核心板的工作原理。

3.1 准备工作

在进行 GD32E230 核心板程序下载与验证之前，先确认 GD32E230 核心板套件是否完整。GD32E230 核心板开发套件由基础包、物料包、工具包组成，具体详见 1.5 节。

3.2 将通信 - 下载模块连接到 GD32E230 核心板

首先，取出开发套件中的通信 - 下载模块、GD32E230 核心板（将 OLED 显示屏插在 GD32E230 核心板的 H1 母座上）、1 条 Mini-USB 线、1 条 XH-6P 双端线。将 Mini-USB 线的公口（B 型插头）连接到通信 - 下载模块的 USB 接口，再将 XH-6P 双端线连接到通信 - 下载模块的白色 XH-6P 底座上。然后将 XH-6P 双端线接在 GD32E230 核心板的 CN1 底座上，如图 3-1 所示。最后将 Mini-USB 线的公口（A 型插头）插在计算机的 USB 接口上。

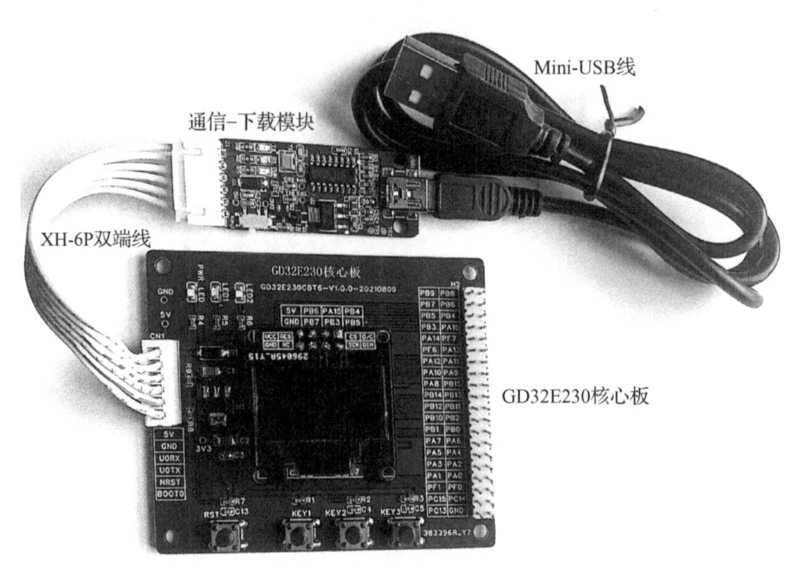

图 3-1 GD32E230 核心板连接实物图

3.3 安装 CH340 驱动

接下来，安装通信 - 下载模块驱动。在本书资料包的 Software 目录下找到“CH340 驱动（USB 串口驱动）_XP_WIN7 共用”文件夹，双击运行 SETUP.EXE，单击“安装”按钮，在弹出的 DriverSetup 对话框中单击“确定”按钮，即安装完成，如图 3-2 所示。

图 3-2 安装通信 - 下载模块驱动

驱动安装成功后，将通信 - 下载模块通过 Mini-USB 线连接到计算机，然后在计算机的设备管理器里找到 USB 串口，如图 3-3 所示。注意，串口号不一定是 COM3，每台计算机可能会不同。

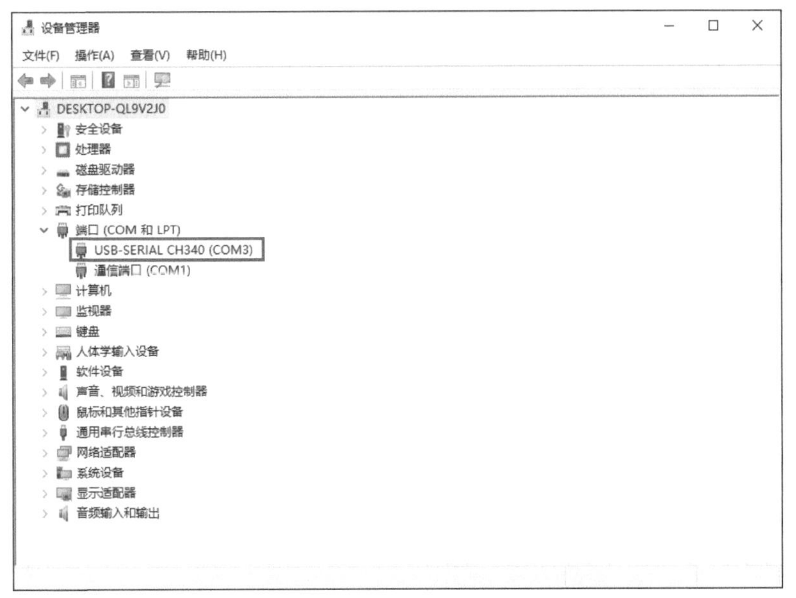

图 3-3 计算机设备管理器中显示 USB 串口信息

3.4 通过 GigaDevice MCU ISP Programmer 下载程序

在 Software 目录下找到并双击运行 GigaDevice MCU ISP Programmer.exe，在如图 3-4 所示的对话框中，Port Name 选择 COM3（上一步在设备管理器中查看的串口号），Baut Rate 选择 57600，Boot Switch 选择 Automatic，Boot Option 选择“RTS 高电平复位，DTR 高电平进 Bootloader”，最后单击 Next 按钮。

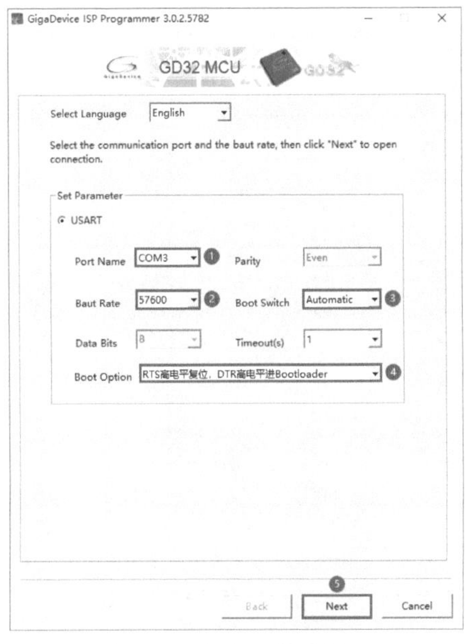

图 3-4 程序下载步骤 1

在弹出的如图 3-5 所示的对话框中，单击 Next 按钮。

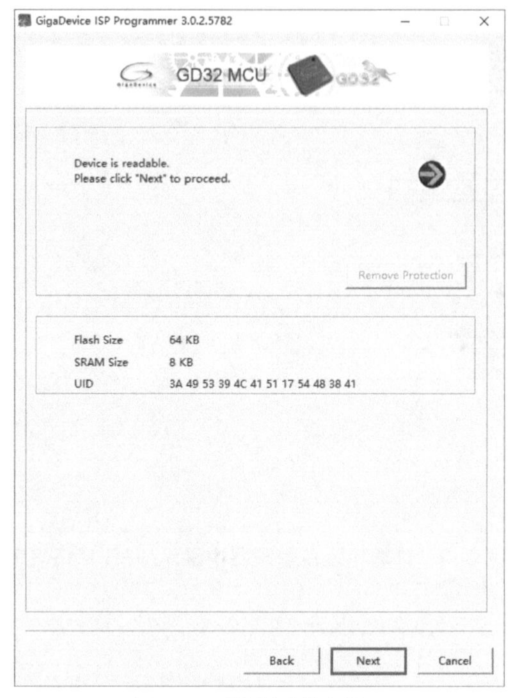

图 3–5　程序下载步骤 2

在弹出的如图 3-6 所示的对话框中，单击 Next 按钮。

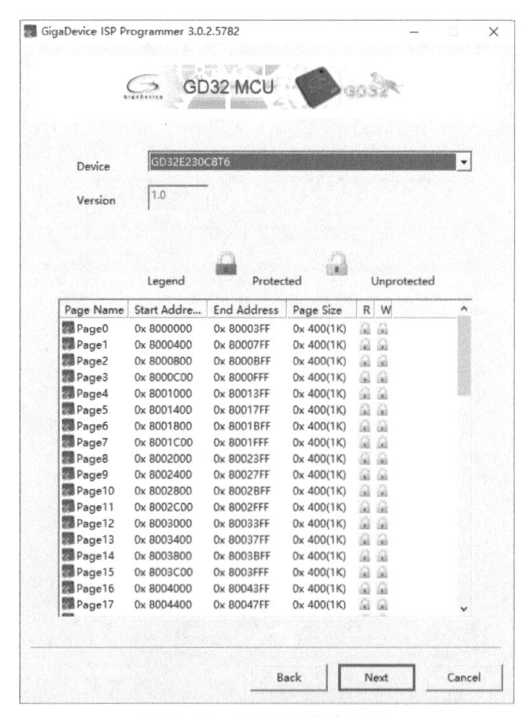

图 3–6　程序下载步骤 3

在如图 3-7 所示的对话框中，单击选中 Download to Device 选项，并单击 OPEN 按钮定位 .hex 文件。

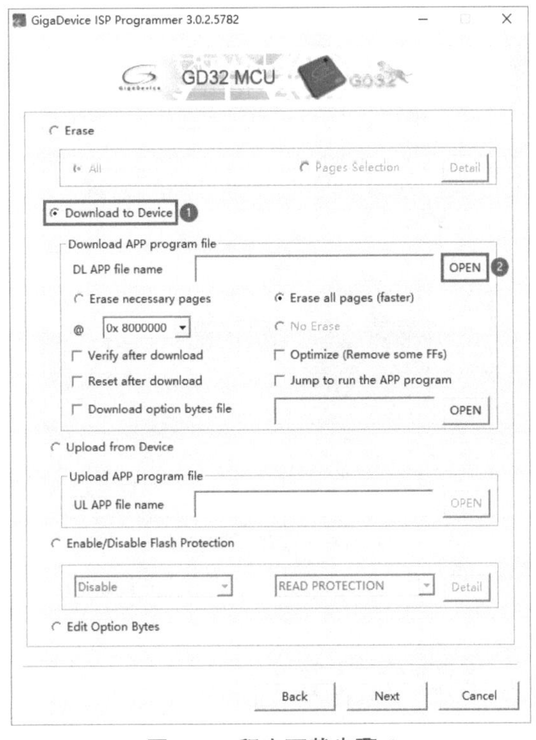

图 3-7 程序下载步骤 4

在本书配套资料包中的 GD32KeilProject\HexFile 目录下，找到 GD32KeilPrj.hex 文件，单击 Open 按钮，如图 3-8 所示。

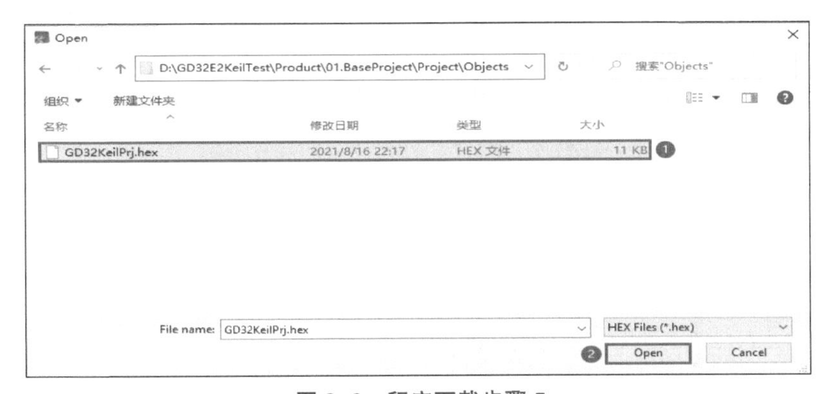

图 3-8 程序下载步骤 5

返回图 3-7 所示的对话框，单击 Next 按钮开始下载，弹出如图 3-9 所示的对话框，表示程序下载成功。

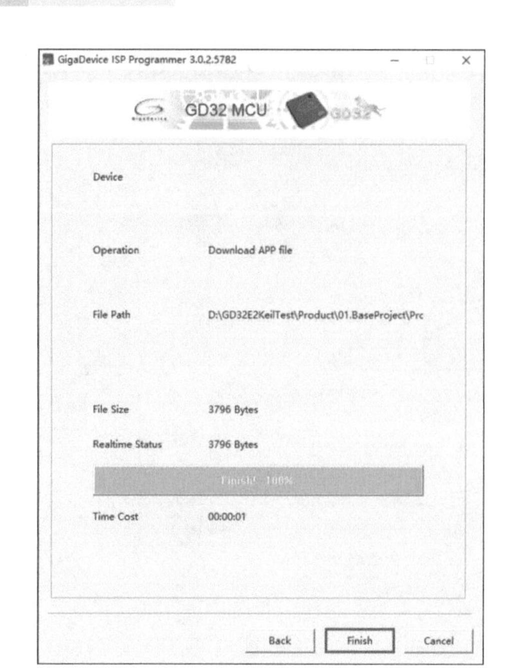

图 3-9　程序下载步骤 6

3.5　通过串口助手查看接收数据

在 Software 目录下找到并双击运行 sscom42.exe（串口助手软件），如图 3-10 所示。选择对应的串口号（COM3），波特率选择“115200”，取消勾选“HEX 显示”项，然后单击“打开串口”按钮，当窗口中每隔 1s 输出“This is the first GD32E230 Project, by Zhang-san”时，表示成功。注意，实验完成后，先单击“关闭串口”按钮将串口关闭，再关闭 GD32E230 核心板的电源。

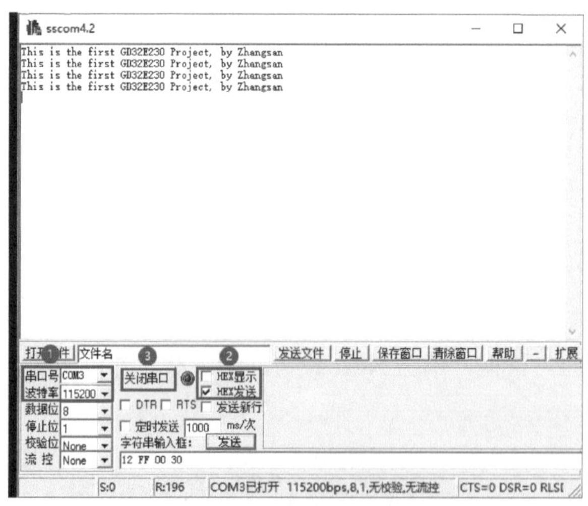

图 3-10　串口助手软件操作步骤

3.6 查看GD32E230核心板工作状态

此时可以观察到GD32E230核心板上的电源指示灯（蓝色）正常显示，蓝色LED和绿色LED交替闪烁，并且OLED显示屏上的日期和时间正常运行，如图3-11所示。

图3-11 GD32E230核心板正常工作状态示意图

本章任务

完成本章学习后，应能熟练使用通信－下载模块进行GD32E230核心板程序下载。

本章习题

1. 什么是串口驱动？为什么要安装串口驱动？

2. 通过查询网络资料，对串口编号进行修改，例如，串口编号默认是COM1，将其改为COM4。

3. 通信－下载模块除了可以下载程序，还有哪些其他功能？

4　立创 EDA（专业版）介绍

立创 EDA 服务于广大电子工程师、教师、学生、制造商和电子爱好者，随着设计场景与用户群体的改变，继 2018 年推出立创 EDA（标准版）之后，2020 年推出了立创 EDA（专业版），并承诺也对中国用户保持永久免费，同时使用立创 EDA（专业版），在嘉立创可以优先下单，嘉立创也会一直为中国用户提供更方便、更便宜的下单服务。且不会限制使用立创 EDA 软件的设计者只能在嘉立创生产。

立创 EDA 的发展愿景是成为全球工程师的首选 EDA 工具；使命是用简约、高效的国产 EDA 工具，助力工程师专注于创造与创新。

学习目标：

➢ 熟悉立创 EDA（专业版）。

➢ 了解立创 EDA（专业版）的功能特点。

4.1　立创 EDA（专业版）

立创 EDA（专业版）是一个基于云端平台的工具，联网即用，只需在浏览器（推荐使用最新版的谷歌或火狐浏览器）地址栏中输入官方网址，或用搜索引擎搜索“立创 EDA 专业版”，就可以登录立创 EDA（专业版）的主页，如图 4-1 所示。也可下载客户端使用。

图 4-1　立创 EDA（专业版）主页

立创 EDA（专业版）是一个全新开发的版本，比标准版更强大，基于 WebGL 引擎，可以流畅地提供数万焊盘的 PCB 设计，相关约束也会加强，提供更加强大的规则管理等。另外，专业版呈现全新的页面结构设计界面，更美观，功能更专业，更强大。操作步骤很简单，使很多复杂的设计过程实现了一键操作的优势，读者可以快速入门。

立创 EDA（专业版）对中国用户永久免费，不存在版权问题，彻底解决了大部分中国用户使用国外 EDA 的版权风险。而且立创 EDA 团队会持续维护更新。

4.2 功能特点

4.2.1 基于云端在线设计

云端技术的应用让立创 EDA（专业版）有别于传统 EDA 设计方式，立创 EDA（专业版）可以基于浏览器运行，高效率，无须下载，打开网站就能开始设计。立创 EDA（专业版）采用多重措施保障工程文件安全，遍布全球的服务器提供多重备份。保存至云服务的工程，经过复杂算法加密，私密文件只有对应用户才能打开，也可以把文件保存至本地计算机。

设计者不再局限于个人的设计，可最大限度地发挥网络的优势。设计者可以在立创 EDA（专业版）上实现团队管理、原理图库和 PCB 库共享，以及在立创开源硬件平台查找工程等一系列快捷功能。

4.2.2 专业版原理图具备的新功能

（1）支持大规模的原理图设计，已有超过 500 页、10 万引脚的原理图在生产中应用。

（2）全新的元件库管理界面，方便元件选型。

（3）支持层次图设计，多层次复用，减少模块绘制的重复工作，实现更清晰的逻辑关系。

（4）更强大的 BOM、PDF 导出功能。

（5）支持一个工程内多板独立设计，多模块电路设计。

（6）支持设计规则检测。

（7）更优的属性显示。

（8）支持阵列对象和查找替换。

（9）支持日志。

4.2.3 专业版 PCB 具备的新功能

（1）支持更大更多元件流畅运行，支持 3 万焊盘以上。

（2）支持更强大的设计规则、更复杂的层叠设置。

（3）支持禁止区域。

（4）更优的布线交互，支持任意角度的圆弧布线，更流畅的差分、等长走线功能。
（5）更优的过滤功能、泪滴功能。
（6）更强大的 PDF 导出功能，支持 STEP 格式的 PCB 3D 导入和导出。
（7）更优的视图查看，支持翻转电路板，全新的 3D 显示界面，更接近实物效果。
（8）支持组合功能，更优的对齐和分布。
（9）支持日志和命令。
（10）支持定位飞线。

4.2.4 一站式电子工程设计解决方案

立创商城和嘉立创打造了一个完整的电子产业链闭环，为用户提供了一站式的电子工程设计解决方案：设计→元件购买→ PCB 打样→ SMT 贴片→立创社区→开源硬件平台。在立创 EDA 进行设计，到立创商城（https://www.szlcsc.com/）购买元件，在嘉立创（https://www. jlc.com/）完成 PCB 打样和 SMT 贴片，还可以到立创社区（http://club.szlcsc.com/）与更多电子工程师交流，再到开源硬件平台（https://oshwhub.com/）分享和获取更多资源，使得电子设计更加简单快捷。

4.2.5 开源硬件平台

工程师将自己的工程文件开源后便可以与其他用户一起交流，这是一种良性的学习方式。他人通过对自己的开源工程进行学习和研究，可能会提出一种更好的解决方案。开源的工程文件也可能会对其他工程师的工程设计有参考和借鉴作用。

立创 EDA（专业版）提供了一个开源硬件平台，如图 4-2 所示，在开源硬件平台上可以看到用户贡献的工程文件，如图 4-3 所示，用户也可以将自己的工程权限设为开源，让更多人看到自己的设计，这对提升个人的影响力和学习能力都有很大的帮助。在进行电路设计时，可以在开源硬件平台上找到一些非常有价值的参考电路及 PCB 布局布线的设计等，甚至可以直接将开源硬件平台上一些实际工程项目的 PCB 送去打样并测试。通过开源硬件平台，用户可以学习他人的设计，有助于快速设计出自己的电路。

图 4-2 开源硬件平台

图 4–3 个人分享

本章任务

完成本章的学习后，熟悉立创 EDA（专业版），并了解其特点。

本章习题

1．常用的 EDA 软件有哪些？简述各种 EDA 软件的特点。
2．简述立创 EDA（专业版）的发展历史和演变过程。

5　GD32E230 核心板原理图设计

在电路设计与制作过程中，电路原理图设计是整个电路设计的基础。如何将GD32E230 核心板电路通过立创 EDA（专业版）用工程表达方式呈现出来，使电路符合需求和规则，就是本章要完成的任务。通过本章的学习，读者将能够完成整个 GD32E230 核心板原理图的绘制，为后续进行 PCB 设计打下基础。

学习目标：

➢ 了解基于立创 EDA（专业版）进行原理图设计的流程。

➢ 掌握基于立创 EDA（专业版）的 GD32E230 核心板原理图绘制方法。

5.1　原理图设计流程

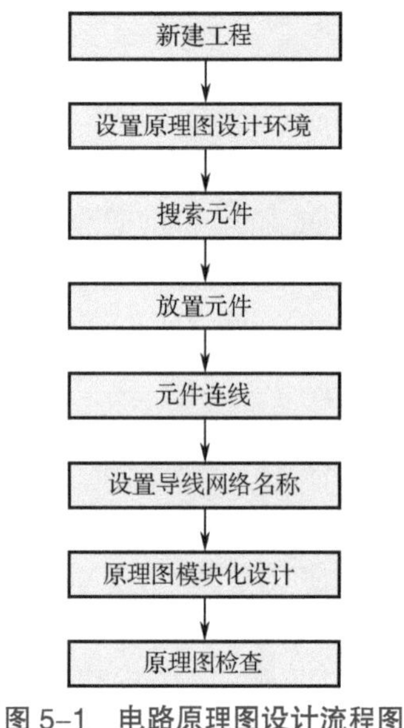

图 5-1　电路原理图设计流程图

GD32E230 核心板的电路原理图设计流程如图 5-1 所示，具体如下：

（1）打开立创 EDA（专业版），新建工程。

（2）设置原理图设计环境。

（3）在元件库中搜索元件。

（4）在原理图中放置元件。

（5）元件连接导线。

（6）设置导线的网络名称。

（7）原理图模块化设计。

（8）根据设计规则对原理图进行 DRC 检查。

5.2　新建工程

登录立创 EDA（专业版）网站，在如图 5-2 所示的窗口中单击“新建工程”按钮。

打开“新建工程”对话框，在“归属”栏中选择工程的所有者，所有者可以为个人或团队，在本书中，工程的所有者为个人。在“标题”栏中输入工程名称：GD32E230C8T6-V1.0.0-20210809；可以在“描述”栏中添加工程的相关描述，如图 5-3 所示。然后单击“保存”按钮，完成工程的创建。

图 5-2 新建工程步骤 1

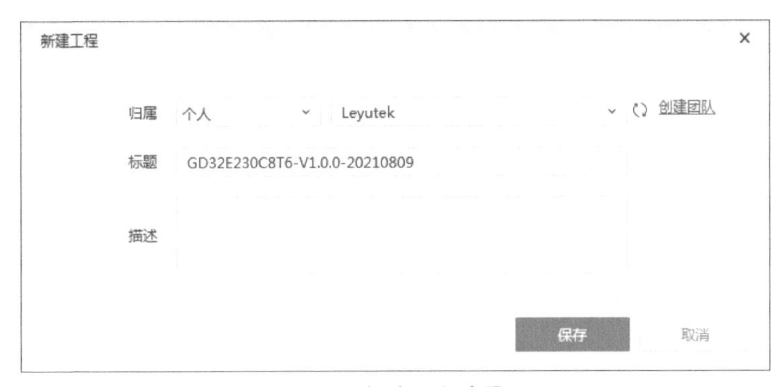

图 5-3 新建工程步骤 2

在主界面的左边可以看到新建的工程，如图 5-4 所示。

图 5-4 完成新建工程

在工程文件夹中，Board1 为工程的 1 个板，对于复杂的工程，可能会有多个板，GD32E230 核心板较为简单，只需要 1 个板。右键单击 Board1，选择“重命名”，将 Board1 重命名为“GD32E230 核心板”。原理图 Schematic1 默认只有 1 页图页，即“1.P1”，立创 EDA（专业版）支持一个工程有多个原理图，在绘制其他电路板时，可根据实际需求添加原理图图页，GD32E230 核心板只需要 1 页图页。将 Schematic1、1.P1 和 PCB1 都重命名为 GD32E230C8T6，如图 5-5 所示。

图 5-5　文件重命名

双击打开“1. GD32E230C8T6”图页，原理图设计环境如图 5-6 所示。

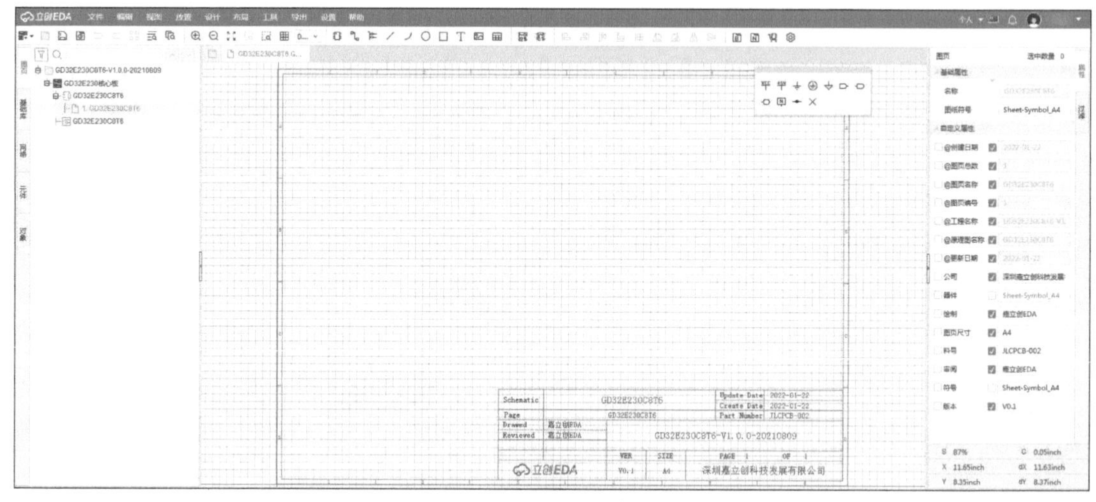

图 5-6　原理图设计环境

任何一个工程文件都需要版本管理，工程按照一定的规则命名保存，可避免发生版本丢失或混淆，也有助于工程的更新迭代。本书的工程文件夹的命名格式为“工程名 + 版本号 + 日期 + 字母版本号（可选）”，如文件夹 GD32E230C8T6-V1.0.0-20210809 表示工程名为 GD32E230C8T6，版本为 V1.0.0，修改日期为 2021 年 8 月 9 日；又如文件夹 GD32E230C8T6-V1.0.0-20210809B 表示 2021 年 8 月 9 日修改了 3 次，第一次修改后的文件名为 GD32E230C8T6-V1.0.0-20210809，第二次为 GD32E230C8T6-V1.0.0-20210809A；再如文件夹 GD32E230C8T6-V1.0.2-20210809 表示电路板已打样三次，第一次的版本号为 V1.0.0，第二次的版本号为 V1.0.1，第三次的版本号为 V1.0.2。

简单总结如下：工程文件夹的命名由工程名、版本号、日期和字母版本号（可选）组成。其中“工程名”的命名需与电路板的内容相关，做到“顾名思义”。“版本号”从 V1.0.0 开始，每次打样后版本号加 1。PCB 稳定后的发布版本只保留前两位，如 V1.0.2 版本经过测试稳定后，在 PCB 发布时将版本号改为 V1.0。“日期”为 PCB 工程修改或完成的日期，如果一天内经过了若干次修改，则通过“字母版本号（可选）”进行区分。

下面介绍修改工程文件夹名的操作方法。右键单击工程文件夹 GD32E230C8T6-V1.0.0-20210809，在右键快捷菜单中选择“工作区打开”命令，如图 5-7 所示。

然后，打开“基本设置”标签页，如图 5-8 所示，可以修改“工程封面”“工程名称”和“工程描述”“评论设置”“工程属性”，例如在“工程名称”中将版本号改为 V1.0.1，然后单击“保存”按钮。

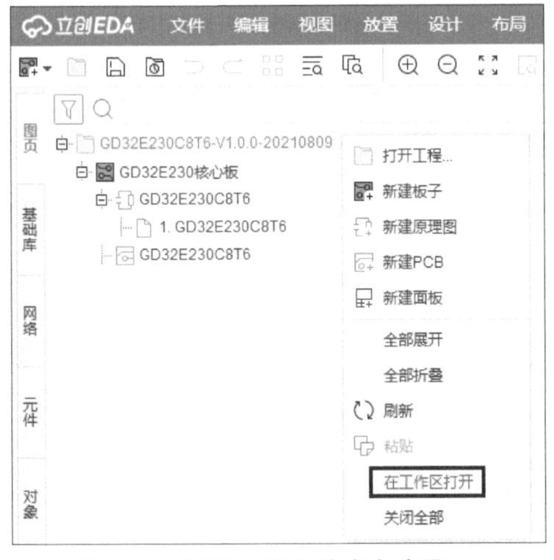

图 5-7 修改工程文件夹名步骤 1

图 5-8 修改工程文件夹名步骤 2

回到原理图设计环境，右键单击工程文件夹 GD32E230C8T6-V1.0.0-20210809，在右键快捷菜单中选择“刷新”命令，可以看到版本号已修改，如图 5-9 所示。

图 5-9 修改工程文件夹名步骤 3

5.3 原理图设计环境设置

5.3.1 原理图 / 符号设置

在绘制原理图之前，需要先设置原理图设计环境，如图 5-10 所示，执行菜单栏命令“设置”→“原理图 / 符号”→“原理图 / 符号”。

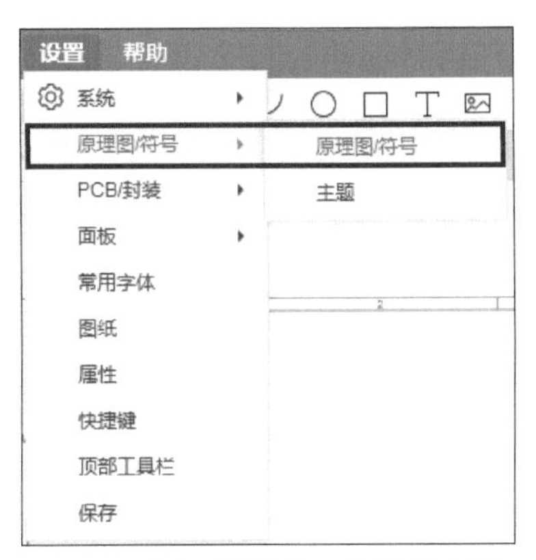

图 5-10 原理图设计环境设置步骤 1

打开“设置”对话框，如图 5-11 所示。

图 5-11　原理图设计环境设置步骤 2

1. 原理图 / 符号

（1）“网格类型”：分为网点、网格和无，可根据个人喜好选择，默认为网格类型，网点和网格效果如图 5-12 所示，建议选择网点或网格类型，因为图纸上的网点或网格可以为放置元件、连接导线等设计工作带来非常大的方便。也可以单击原理图设计环境中菜单栏的 按钮切换网格类型，该按钮图形会根据所选择的网格类型变化， 为网点类型， 为网格类型， 为无类型。

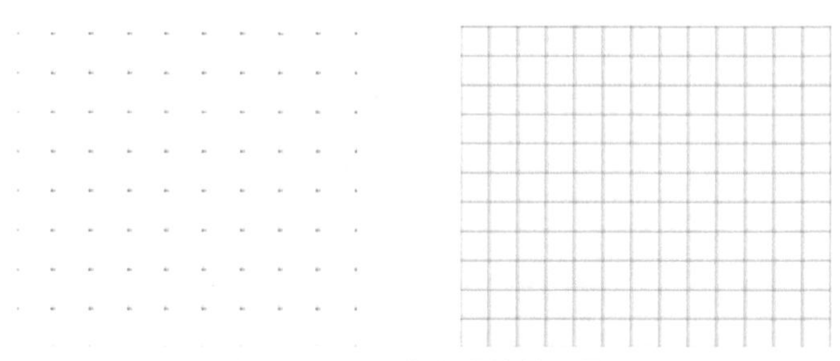

图 5-12　网点和网格效果图

（2）“十字光标”：设置原理图编辑器的光标大小，分为大、小和无，可根据个人喜好选择，默认为大十字光标。

（3）“1 线宽显示”：建议选择“跟随缩放变化”，因为开启“跟随缩放变化”的线条显示效果会变得较粗，更便于观看。

（4）“默认网格尺寸”：网格尺寸有 3 种类型：0.1inch、0.05inch 和 0.01inch。放置元件和连接导线时使用 0.1inch 的网格尺寸，可以避免导线未连接元件的情况发生，确保原理图绘制的正确性。为了原理图的美观，调整元件的位号等信息的位置时，可以通过选择菜单栏中的 0.1 下拉菜单来切换尺寸，通常使用 0.05inch。

（5）“移动符号，导线跟随方式”：建议选择“默认跟随，移动开始前按住 Ctrl+Alt 断开连接”，这样在移动元件时，导线也跟随移动，可以避免元件与导线断连的情况发生；当只移动元件，导线位置保持不变时，可以在移动元件前，按 Alt 键的同时再移动元件，该功能的使用可以在绘制原理图时灵活变换。

（6）“其它”：默认勾选“显示符号标尺”和“放置或粘贴器件自动分配位号（不支持多部件元件 / 子库）”。

2. 主题

原理图主题设置如图 5-13 所示，可以修改原理图图页的背景色或文本的颜色。

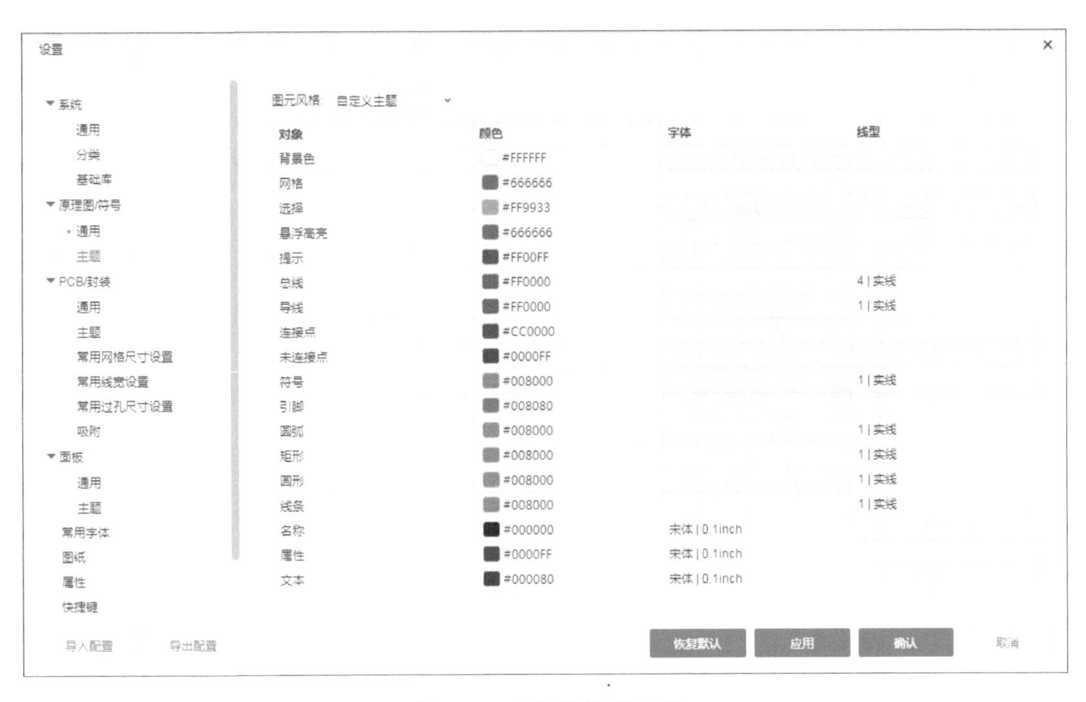

图 5-13 原理图主题设置

5.3.2 自动保存 / 备份

在“设置”对话框中，打开“保存”标签页，如图 5-14 所示，启用“自动保存”和“自动备份”，可以根据需求设置“自动保存间隔”和“自动备份间隔”，把工程备份到云端。自动备份的备份次数最多为 10 份，超出 10 份会覆盖旧的备份。

图 5–14　自动保存 / 备份

执行菜单栏命令“文件”→“切换版本”可以查看备份的工程，如图 5-15 所示。打开“自动备份”标签页，选择需要恢复的工程文件，单击“恢复”按钮，即可把备份的工程重新导入编辑器中，导入备份的工程与原工程不会冲突。

恢复备份

手动备份　自动备份

标题	创建时间
自动备份	2021-08-26 14:42:36
自动备份	2021-08-26 10:45:04
自动备份	2021-08-26 09:45:03
自动备份	2021-08-26 08:45:05
自动备份	2021-08-26 07:45:01
自动备份	2021-08-26 06:45:03
自动备份	2021-08-26 05:45:01
自动备份	2021-08-26 04:45:03
自动备份	2021-08-26 03:45:03
自动备份	2021-08-26 02:45:02

恢复　取消

图 5–15　查看备份工程

5.3.3　选择图纸规格

由于 GD32E230 核心板的原理图相对简单，A4 大小的图纸即可容纳所有元件，立创

EDA（专业版）默认的画布规格是 A4 大小。也可以在原理图设计环境右侧的“属性”面板中单击“图纸符号”设置图纸规格，如图 5-16 所示。

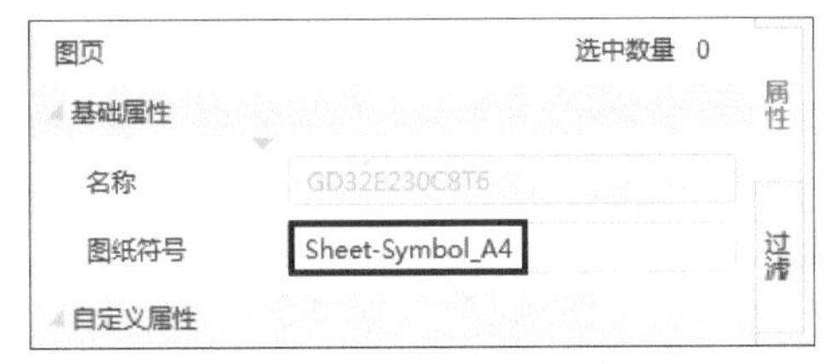

图 5-16 选择图纸规格步骤 1

在“选择图纸”对话框中打开“系统”标签页，在列表中有 A3 和 A4 两种图纸，选择图纸后，单击“确认”按钮，如图 5-17 所示。

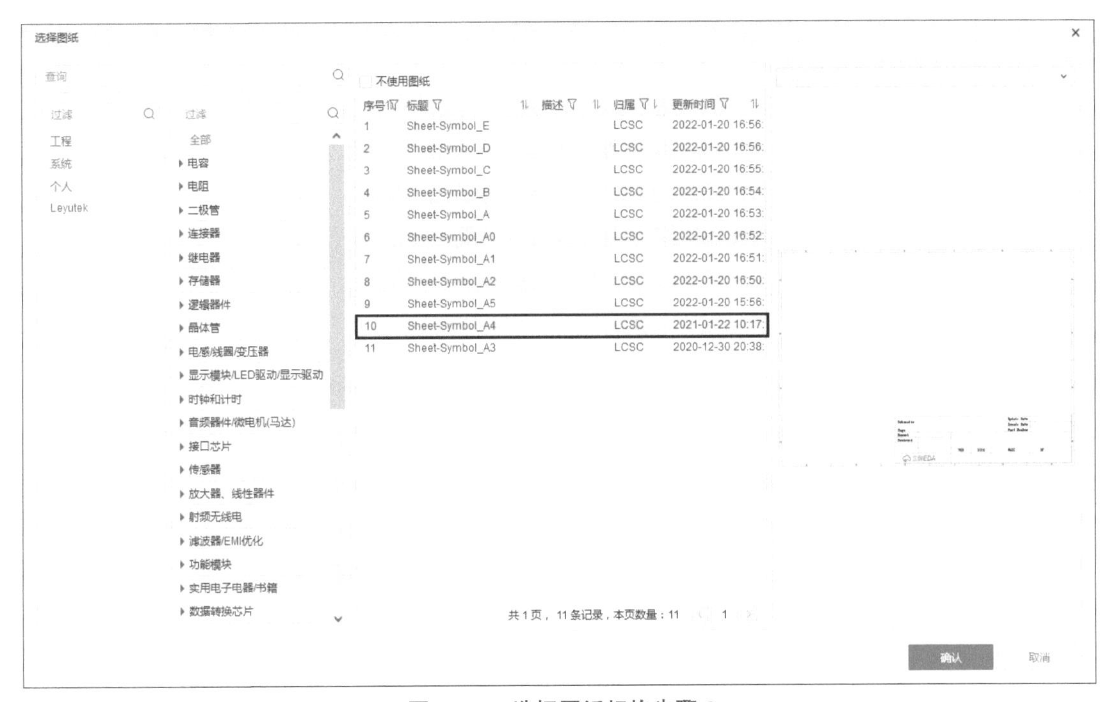

图 5-17 选择图纸规格步骤 2

5.3.4 设置 Title Block

一张规范的原理图，会在 Title Block 中显示原理图名称、工程名称、版本、日期和作者等信息，这样有利于原理图的版本管理。如图 5-18 所示，立创 EDA（专业版）根据工程文件自动填写了部分信息。

在原理图设计环境右侧的“属性”面板中，可以修改 Title Block 的信息，如图 5-19 所示，显示灰色的选项是不允许修改的，其他信息可以根据实际情况进行修改，例如将“公司”修改为“深圳市乐育科技有限公司”，“绘制”和“审阅”修改为 Leyutek，“版本”修改为 V1.0.0，取消勾选“料号”则不显示，最终显示效果如图 5-20 所示。

Schematic	GD32E230C8T6			Update Date	2021-08-09
				Create Date	2021-08-09
Page	GD32E230C8T6			Part Number	JLCPCB-002
Drawed	嘉立创EDA	GD32E230C8T6-V1.0.0-20210809			
Reviewed	嘉立创EDA				
		VER	SIZE	PAGE 1	OF 1
立创EDA		V0.1	A4	深圳嘉立创科技发展有限公司	

图 5-18　Title Block

图页　　选中数量 0

属性　过滤

基础属性

名称	GD32E230C8T6
图纸符号	Sheet-Symbol_A4

自定义属性

属性	显示	值
@创建日期	☑	2021-08-09
@图页总数	☑	1
@图页名称	☑	GD32E230C8T6
@图页编号	☑	1
@工程名称	☑	GD32E230C8T6-V1.0.0-20210809
@原理图名称	☑	GD32E230C8T6
@更新日期	☑	2021-08-09
公司	☑	深圳市乐育科技有限公司
器件	☐	Sheet-Symbol_A4
绘制	☑	Leyutek
图页尺寸	☑	A4
料号	☑	JLCPCB-002
审阅	☑	Leyutek
符号	☐	Sheet-Symbol_A4
版本	☑	V1.0.0

图 5-19　修改 Title Block 信息

Schematic	GD32E230C8T6			Update Date	2021-08-09
				Create Date	2021-08-09
Page	GD32E230C8T6			Part Number	JLCPCB-002
Drawed	Leyutek	GD32E230C8T6-V1.0.0-20210809			
Reviewed	Leyutek				
		VER	SIZE	PAGE 1	OF 1
立创EDA		V1.0.0	A4	深圳市乐育科技有限公司	

图 5-20　完成修改 Title Block 信息

5.4 快捷键介绍

立创 EDA（专业版）提供了非常丰富的快捷键，每个快捷键的使用方法都可以通过菜单栏命令“设置”→“快捷键”查看，如图 5-21 所示。

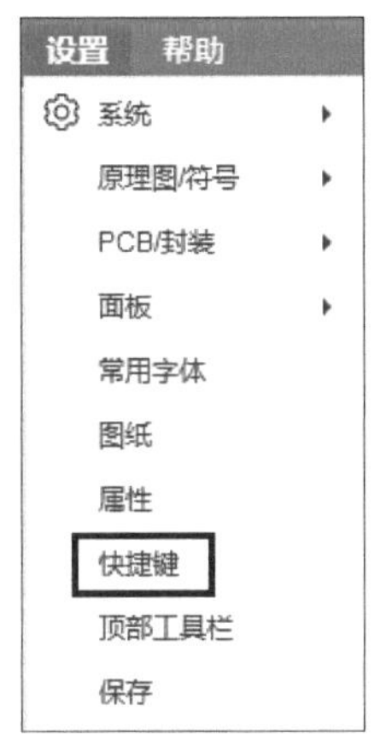

图 5–21 查看快捷键

打开“设置”对话框中，如图 5-22 所示。列表中的快捷键都是可以重配置的，双击需要修改的选项，出现输入框后直接按下要设置的按键，然后单击“确认”按钮，即可完成快捷键设置。

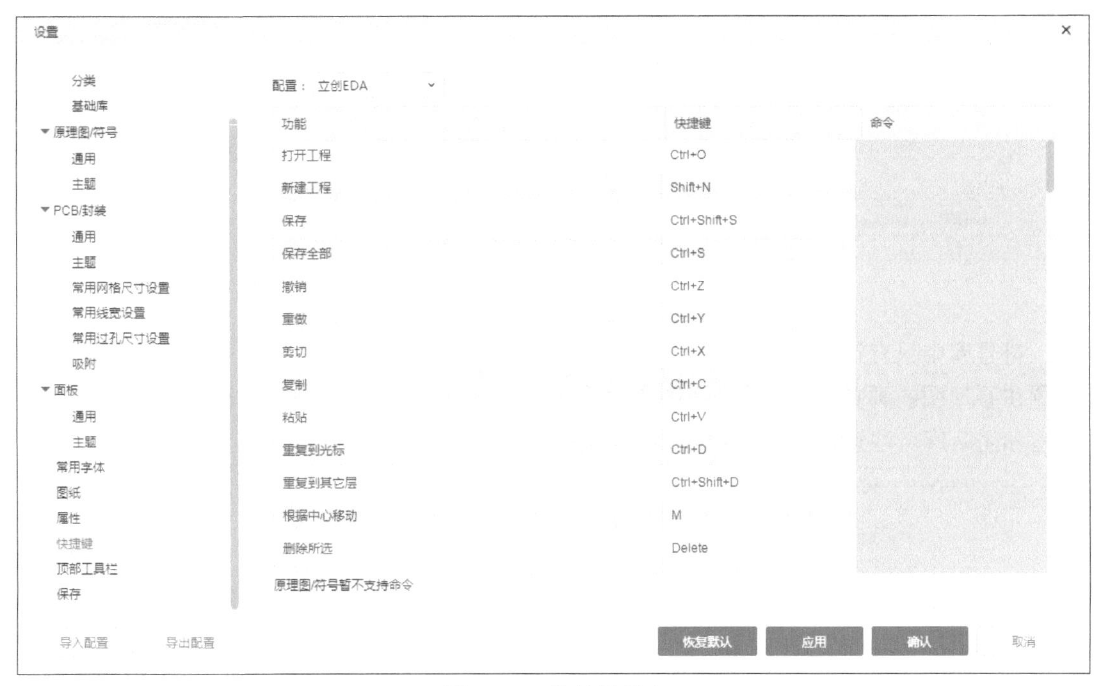

图 5–22 快捷键列表

5.5 元件库

在原理图设计环境中，按快捷键 S 调出元件库，如图 5-23 所示，元件库中有器件库、符号库和封装库。

图 5–23 元件库

器件库是一个包含了符号、封装、3D 模型和图片的库，器件库分为系统库、个人库和团队库。使用搜索栏可快速找到想要的器件，例如输入 1kΩ R0603，可快速搜索出与 1kΩ R0603 有关的器件，如图 5-24 所示。

立创EDA 1kΩ R0603 新增 刷新 放置 S F P 3D

序号	器件	封装	符号	值	供应商编号	立创库类别	制造商	价格	立创商城库存	描述
15	MR06X1001FTL	R0603	MR06X1001FTL	1kΩ	C304414	扩展库	华新科(Walsin)	0.012		精度±1%;温度...
16	AC0603FR-071KL	R0603	AC0603FR-071KL	1kΩ	C116692	扩展库	YAGEO(国巨)	0.013		精度±1%;温度...
17	RC0603DR-071...	R0603	RC0603DR-071...	1kΩ	C100050	扩展库	YAGEO(国巨)	0.036	8338	最大工作电压75...
18	AF0603JR-071KL	R0603	AF0603JR-071KL	1kΩ	C183031	扩展库	YAGEO(国巨)	0.024	4300	最大工作电压75...
19	0603WAF1001T...	R0603	0603WAF1001T...	1kΩ	C21190	基础库	UNI-ROYAL(厚声)	0.007		精度±1%;温度...
20	RC0603FR-071...	R0603	RC0603FR-071...	1kΩ	C22548	扩展库	YAGEO(国巨)	0.008	4951980	精度±1%;温度...
21	RT0603BRE07...	R0603	RT0603BRE07...	1kΩ	C513397	扩展库	YAGEO(国巨)	0.183		最大工作电压75...
22	SY0603JN1KP	R0603	SY0603JN1KP	1kΩ	C380759	扩展库	SANYEAR(叁叶源)	0.006		精度±5%;功率1...
23	MR06X102JTL	R0603	MR06X102JTL	1kΩ	C327829	扩展库	华新科(Walsin)	0.022		精度±5%;温度...
24	CRCW06031K0...	R0603	CRCW06031K0...	1kΩ	C844748	扩展库	VISHAY(威世)	0.035		精度±5%;温度...
25	AC0603JR-071KL	R0603	AC0603JR-071KL	1kΩ	C144622	扩展库	YAGEO(国巨)	0.018	210170	功率100mW;电...
26	RT0603FRD07...	R0603	RT0603FRD07...	1kΩ	C136938	扩展库	YAGEO(国巨)	0.059	7643	最大工作电压75...
27	0603WAD1001...	R0603	0603WAD1001...	1kΩ	C51218	扩展库	UNI-ROYAL(厚声)	0.134		精度±0.5%;温度...
28	RT0603CRE07...	R0603	RT0603CRE07...	1kΩ	C705913	扩展库	YAGEO(国巨)	0.105		温度系数±50pp...

图 5–24 器件库

符号库中只有符号，没有封装和 3D 模型，如图 5-25 所示。符号库中的符号是不允许放置在原理图的画布中的，需要绑定器件才可以放置在画布中。符号库也分为系统库、个人库和团队库。注意，系统的符号库不可编辑。

器件 符号 封装 复用图块 3D 模型 查询 新增 刷新

过滤 | 系统 个人 工程 收藏 Leyutek

过滤 | 全部 连接器 电容 电感/线圈/变压器 二极管 光电器件 晶体管 处理器及微控制器 放大器、线性器件 数据转换芯片 晶体/振荡器/谐振器 电源管理 开关

符号类型 全部

序号	符号	文档类型	分类	描述	更新时间	归属	最后修改人
1	2A223J114CL014	元件符号	电容 薄膜电容		2021-07-26 10:10:02	LCSC	LCSC
2	CL11-2A223J-100V	元件符号	电容 薄膜电容		2021-07-26 08:40:01	LCSC	LCSC
3	DCL5R5105CF	元件符号	电容 超级电容器		2021-07-13 10:30:02	LCSC	LCSC
4	EKY-350ELL332ML4...	元件符号	电容 引线型铝电解电容		2021-07-07 17:20:02	LCSC	LCSC
5	0805X475K100NT	元件符号	电容 贴片电容(MLCC)		2021-06-10 15:32:47	LCSC	LCSC
6	1210F106M100NT	元件符号	电容 贴片电容(MLCC)		2021-06-10 15:32:47	LCSC	LCSC
7	CSD01MT2R7205M...	元件符号	电容 超级电容器		2021-06-10 15:32:47	LCSC	LCSC
8	0603B102K201NT	元件符号	电容 贴片电容(MLCC)		2021-06-10 15:32:46	LCSC	LCSC
9	H222M070FG55250...	元件符号	电容 安规电容		2021-06-10 15:32:46	LCSC	LCSC
10	H222M087EG58250...	元件符号	电容 安规电容		2021-06-10 15:32:46	LCSC	LCSC
11	8470MAM1013H2R...	元件符号	电容 固态电容		2021-06-10 15:32:46	LCSC	LCSC
12	AC6047	元件符号	电容 聚丙烯膜电容（...		2021-06-10 15:32:46	LCSC	LCSC

元件库 日志 查找结果 50条/页 共 667 页，33331 条记录 1

图 5–25 符号库

封装库中只有封装，没有符号和3D模型，如图5-26所示。封装不能单独放入PCB中。封装库也分为系统库、个人库和团队库。

器件 符号 封装 复用图块 3D模型 查询

新增 刷新

过滤：系统 个人 工程 收藏 Leyutek

过滤：全部 D-SUB IDC-TH COMM-TH CAP-SMD LED SMD IND-SMD DIO-SMD HDR-TH CAP-TH CONN-TH SW-TH PWRM-TH

序号	封装	分类	描述	更新时间	归属	最后修改人
1	MIC-SMD_5P_L3.5-W2.7...	MIC-SMD		2021-08-09 15:40:01	LCSC	LCSC
2	DFN-8_L3.3-W3.3-P0.65...	DFN-8		2021-08-09 14:45:02	LCSC	LCSC
3	C0612	C0612		2021-08-09 14:20:02	LCSC	LCSC
4	WQFN-10_RS2117YUTQ...	WQFN-10		2021-08-09 14:20:02	LCSC	LCSC
5	CAP-TH_L11.0-W5.0-P7...	CAP-TH		2021-08-09 14:15:02	LCSC	LCSC
6	RCL-TH_7.6-W5.1-LS6.1	RCL-TH		2021-08-09 13:55:01	LCSC	LCSC
7	KEY-SMD_4P-L6.3-W6.3-...	KEY-SMD		2021-08-09 13:45:02	LCSC	LCSC
8	RCL-TH_L5.5-W5.0-LS5.0	RCL-TH		2021-08-09 12:45:02	LCSC	LCSC
9	RCL-TH_L3.8-W2.5-LS2	RCL-TH		2021-08-09 12:40:02	LCSC	LCSC
10	CAP-TH_L8.5-W5.5-P7.5...	CAP-TH		2021-08-09 11:50:01	LCSC	LCSC
11	OSC-SMD_4P-L3.2-W2.5...	OSC-SMD		2021-08-09 11:45:01	LCSC	LCSC
12	CONN-TH_2P-2.54_522...	CONN-TH		2021-08-09 11:20:01	LCSC	LCSC
13	BGA-64_L4.5-W4.5-R8-C...	BGA-64		2021-08-09 11:00:02	LCSC	LCSC
14	CAP-TH_L4.5-W3.2-P5.0...	CAP-TH		2021-08-09 10:50:02	LCSC	LCSC

50条/页 共801页，40034条记录 1

元件库 日志 查找结果

图5-26 封装库

5.6 放置元件

本书的GD32E230C8T6原理图中的所有元件都从器件库中获取。下面以“电源转换电路（5V转3.3V）”为例，介绍如何从器件库中获取元件。“电源转换电路（5V转3.3V）”如图5-27所示。

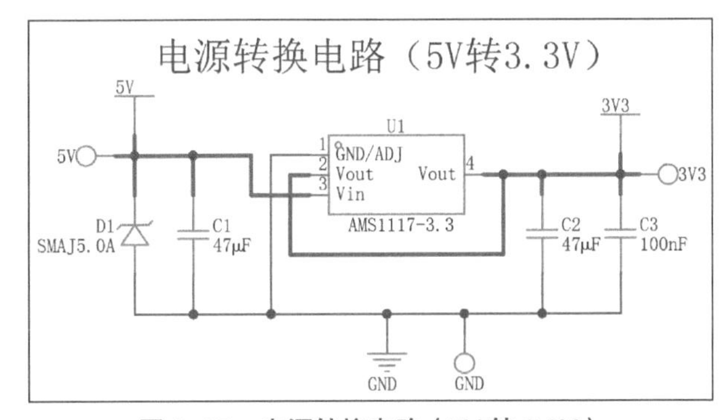

图5-27 电源转换电路（5V转3.3V）

在器件库中，选择系统库，然后在搜索栏中输入SMAJ5.0A进行搜索，如图5-28所示，在搜索结果中可根据封装、制造商和描述选择符合需求的元件，本电路中使用的SMAJ5.0A为FUXINSEMI（富芯微）制造的，该元件供应商编号（即立创商城编号）为C908198。

器件 符号 封装 复用图块 3D模型 立创商城 立创EDA SMAJ5.0A

新增 刷新

过滤：系统(32) 个人(0) 工程(0) Leyutek(0) 公开(4)

过滤：全部 连接器 电容 电感/线圈/变压器 二极管 光电器件 晶体管 处理器及微控制器 放大器、线性器件 数据转换芯片 晶体/振荡器/谐振器 电源管理 开关

序号	器件	封装	符号	嘉立创库类别	供应商编号	制造商	描述	归属
20	P4SMAJ5.0ADF-13	D-FLAT_L4.3-W2.6-LS5.3-RD	P4SMAJ5.0ADF-13	扩展库	C526690	DIODES(美台)		LCSC
21	SMAJ5.0A_C693486	SMA_L4.2-W2.6-LS5.1-R-RD	SMAJ5.0A_C693486	扩展库	C693486	FTR(乔光电子)	反向关断电压（典型...	LCSC
22	SMAJ5.0A_C698961	SMA_L4.4-W2.8-LS5.4-RD	SMAJ5.0A_C698961	扩展库	C698961	YANGJIE(扬杰)	极性:Unidirectional;	LCSC
23	SMAJ5.0A_C726731	SMA_L4.4-W2.8-LS5.4-RD	SMAJ5.0A_C726731	扩展库	C726731	TWGMC(台湾迪嘉)	极性:Unidirectional;	LCSC
24	SMAJ5.0A_C78401	SMA_L4.3-W2.6-LS5.2-RD	SMAJ5.0A-C78401	扩展库	C78401	Brightking(台湾君耀)	极性:Unidirectional;...	LCSC
25	SMAJ5.0A_C83329	SMA_L4.3-W2.6-LS5.2-RD	SMAJ5.0A-C83329	扩展库	C83329	Littelfuse(美国力特)	极性:Unidirectional;...	LCSC
26	SMAJ5.0A-13-F	SMA_L4.3-W2.6-LS5.2-RD	SMAJ5.0A-13-F	扩展库	C87074	DIODES(美台)	极性:Unidirectional;...	LCSC
27	SMAJ5.0A-E3/61	SMA_L4.3-W2.6-LS5.2-RD	SMAJ5.0A-E3/61	扩展库	C89363	VISHAY(威世)	极性:Unidirectional;	LCSC
28	SMAJ5.0AHE3/61	SMA_L4.3-W2.6-LS5.2-RD	SMAJ5.0AHE3/61	扩展库	C89413	VISHAY(威世)	极性:Unidirectional;...	LCSC
29	SMAJ5.0A_C908198	SMA_L4.3-W2.6-LS5.0-RD	SMAJ5.0A_C908198	扩展库	C908198	FUXINSEMI(富芯微)		LCSC
30	SMAJ5.0CA_C908199	SMA_L4.4-W2.6-LS5.0-BI	SMAJ5.0CA_C908199	扩展库	C908199	FUXINSEMI(富芯微)		LCSC
31	SMAJ5.0A_C908378	SMA_L4.4-W2.8-LS5.4-RD	SMAJ5.0A_C908378	扩展库	C908378	SEMIWARE(赛米微尔)		LCSC

50条/页 共1页，32条记录 1

元件库 日志 查找结果

图5-28 搜索SMAJ5.0A

在搜索结果中，单击选中元件 SMAJ5.0A_C908198，在搜索结果右边可以看到 SMAJ5.0A 的符号、封装、图片和 3D 模型，如图 5-29 所示。单击“放置”按钮，或在搜索结果中双击元件 SMAJ5.0A_C908198，即可看到光标上悬挂着 SMAJ5.0A 的符号。

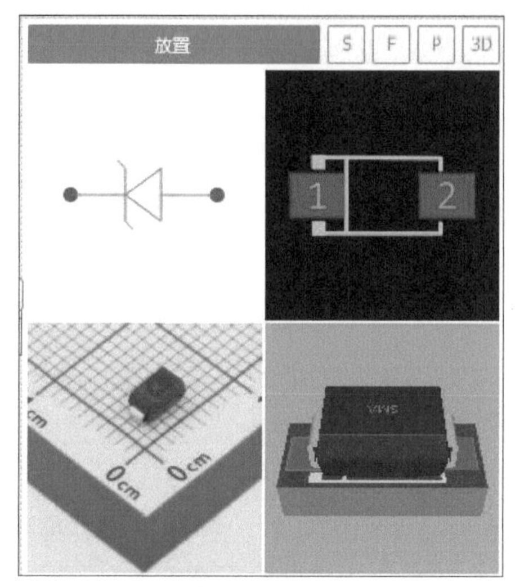

图 5-29　放置 SMAJ5.0A 步骤 1

在图纸上单击放置 SMAJ5.0A 的符号，如图 5-30 所示，注意，放置符号前需将网格尺寸设置为 0.1inch，这样才能确保在任何网格尺寸的图纸中，符号引脚都在网格点上，方便连接导线。若在网格尺寸为 0.05inch 或 0.01inch 时放置符号（见图 5-31（a）），当网格尺寸切换至 0.1inch 时，符号引脚可能会不在网格点上（见图 5-31（b））。

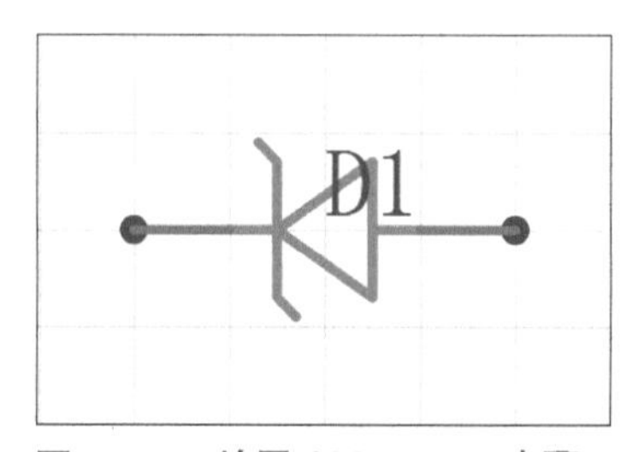

图 5-30　放置 SMAJ5.0A 步骤 2

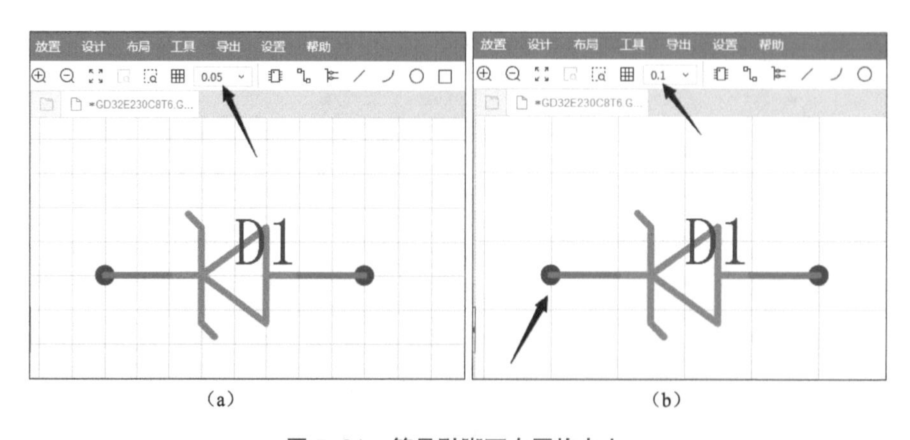

（a）　　（b）

图 5-31　符号引脚不在网格点上

单击选中符号，然后按空格键可以旋转符号，也可以单击菜单栏中的 按钮旋转，最后将位号 D1 摆放在合适的位置，如图 5-32 所示。

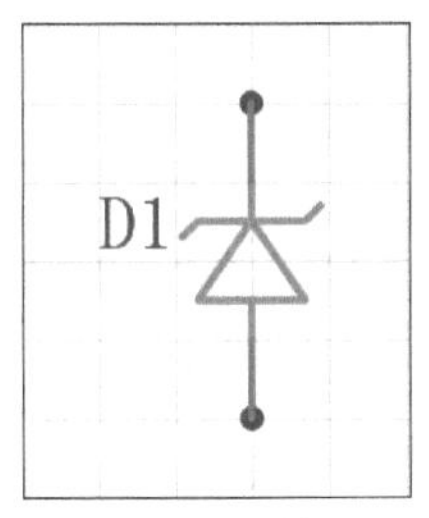

图 5-32 旋转位号

单击选中符号，在“属性”面板中将“名称”设置为 SMAJ5.0A，并勾选名称，使名称显示在图纸中，如图 5-33 所示。至此符号 SMAJ5.0A 的放置和设置已完成。

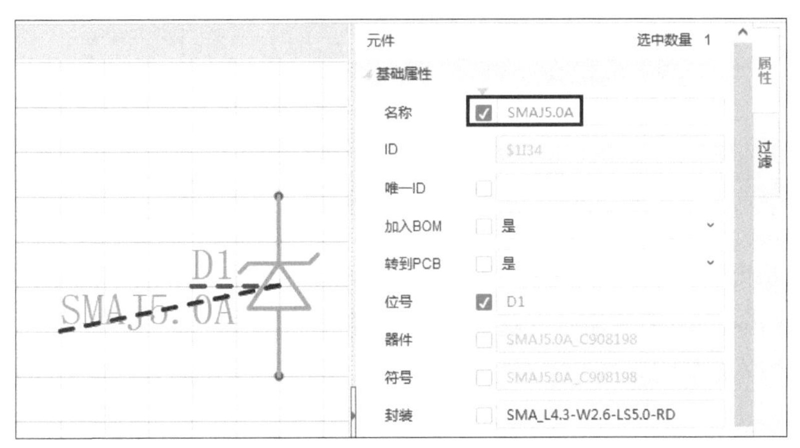

图 5-33 设置符号名称

“电源转换电路(5V 转 3.3V)”中的 47μF 电容在立创商城上的详细信息如图 5-34 所示，供应商编号为 C385047，型号为 GRM31CR61C476ME44L。

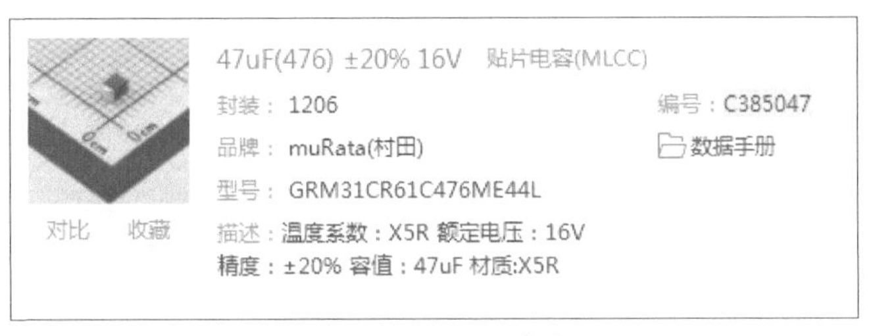

图 5-34 47μF 电容

在器件库中，选择系统库，然后在筛选器中输入供应商编号 C385047 进行搜索，如图 5-35 所示，搜索结果只有一个，也可以根据型号 GRM31CR61C476ME44L 搜索。“电源转换电路（5V 转 3.3V）”使用到了 2 个 47μF 电容，可以连续放置 2 个 47μF 元件在图纸上，也可以先放置一个 47μF 电容，然后单击选中该电容，按 Ctrl 键，同时单击并拖动电容，实现复制。最后，在“属性”面板中设置元件名称为 47μF。

器件　符号　封装　复用图块　3D 模型　立创商城　立创EDA　C385047　新增　刷新

过滤　过滤

系统(1)　个人(0)　工程(0)　Leyutek(0)　公开(0)

全部　▸ 连接器　▸ 电容　▸ 电感/线圈/变压器　▸ 二极管　▸ 光电器件　▸ 晶体管　▸ 处理器及微控制器　▸ 放大器、线性器件　▸ 数据转换芯片

序号	器件	封装	符号	容量	嘉立创库类别	供应商编号	制造商	描述	归属
1	GRM31CR61C476ME44L	C1206	GRM31CR61C476ME44L	47uF	扩展库	C385047	muRata(村田)	温度系数:X5R;容...	LCSC

图 5-35　搜索 47μF 电容

用同样的方法搜索供应商编号为 C6186 的元件 AMS1117-3.3，编号为 C14663 的 100nF 电容，分别将符号放置在图纸中。“电源转换电路（5V 转 3.3V）”的所有元件符号放置完成后如图 5-36 所示，注意，所有元件符号的引脚都要放置在格点上。

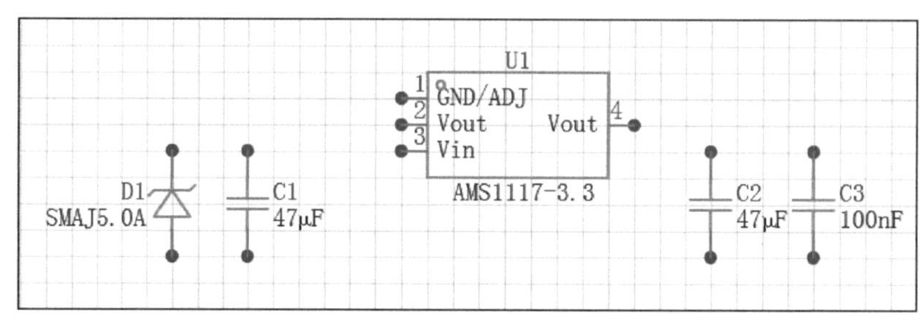

图 5-36　“电源转换电路（5V 转 3.3V）”元件

“电源转换电路（5V 转 3.3V）”中还用到了测试点，测试点在 PCB 中用于方便测试信号，不需要焊接。在器件库中，选择公开库，然后在筛选器中输入“测试点 0.9mm”进行搜索，如图 5-37 所示。

器件　符号　封装　复用图块　3D模型　立创EDA　测试点0.9mm　刷新　新增　放置　S　F　P　3D

过滤　过滤

系统(18)　个人(0)　工程(0)　Leyutek(1)　公开(8)

全部

序号	器件	封装	符号	值	供应商编号	制造商	立创商城库存	立创商城价格	嘉立创库存	嘉立创价格	嘉立创库类别	描述
1	测试点0.9mm	测试点0.9mm	测试点0.9mm									
2	测试点	CONN-SMD...	5019		C238131	Keystone	2000	2.138	20	2.143	扩展库	连接器类型...
3	PAD-R1.5	test-point-R1.5	PAD-R1.5	1.5X1.5mm								PC 测试点
4	PAD-R1.0	test-point-R1.0	PAD-R1.0	1.0X1.0mm								PC 测试点
5	PAD-C1.5	test-point-C1.5	PAD-C1.5	1.5X1.5mm								PC 测试点
6	PAD-C1.0	test-point-C1.0	PAD-C1.0	1.0X1.0mm								PC 测试点
7	测试点SMD_...	C_0.8	TestPoint									测试点SMD...
8	TP-1P-1.0	SMD_PAND-...	TestPoint-1P									圆形单点测...
9	TP-5P-1*1.27	TestPoint-5P	TestPoint-5P									测试点，5P...

图 5-37　搜索测试点

在电路中放置 3 个测试点，分别在“属性”面板中将测试点名称设置为 5V、3V3 和 GND，并取消勾选“位号”，在图纸中只显示名称，如图 5-38 所示。

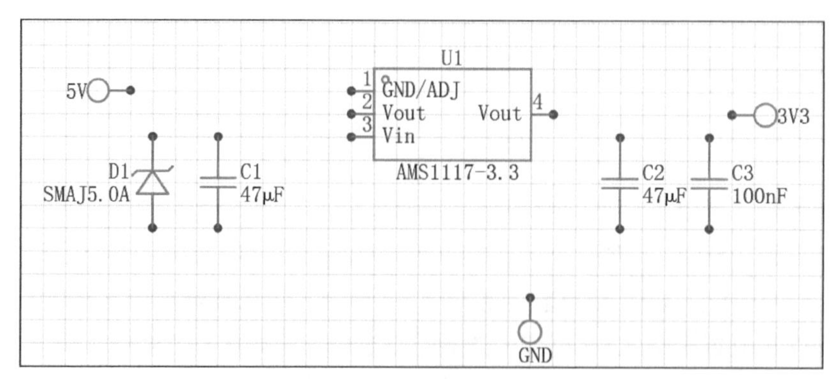

图 5-38　放置测试点

一个完整的电源电路包括元件、电源、地和导线。因此，在“电源转换电路（5V 转 3.3V）”中，还需要增加电源、地和导线。在如图 5-39 所示的“电气标识符”面板中，从左到右分别为 VCC、GND、保护地、模拟地、输入、输出、双向和短接符。

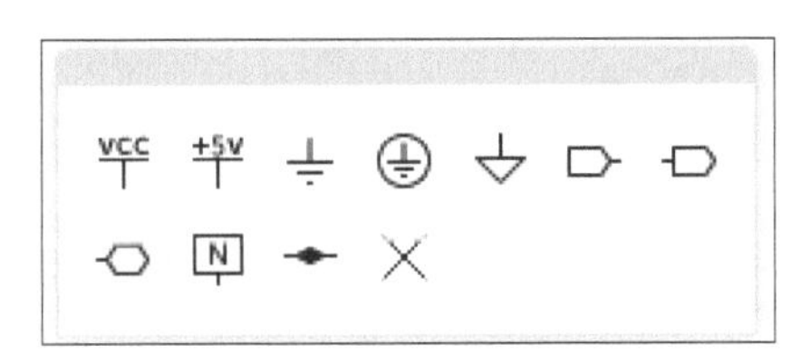

图 5-39 电气标识符

放置 2 个 VCC 和 1 个 GND 在原理图中，然后单击选中其中一个 VCC，在“属性”面板中修改“名称”和“全局网络名”为 5V，如图 5-40 所示。

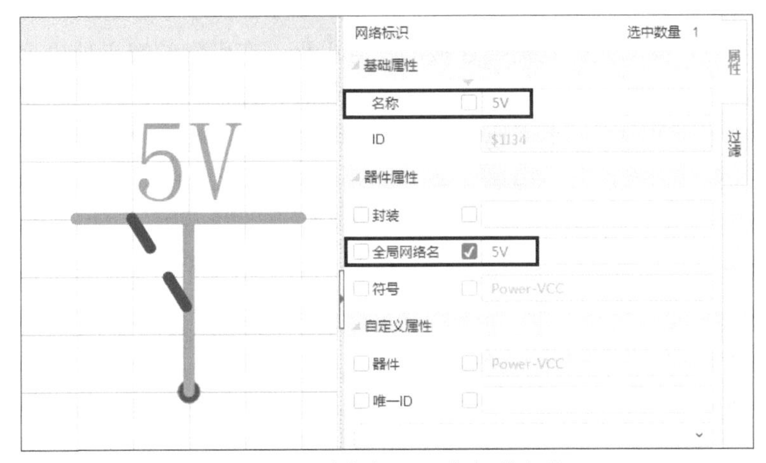

图 5-40 重命名 VCC 标识符名称

“电源转换电路（5V 转 3.3V）”中的 VCC 和 GND 放置完成后如图 5-41 所示。注意，放置元件、VCC 或 GND 时，不要将两个引脚直接相连，引脚间必须由导线来连接。

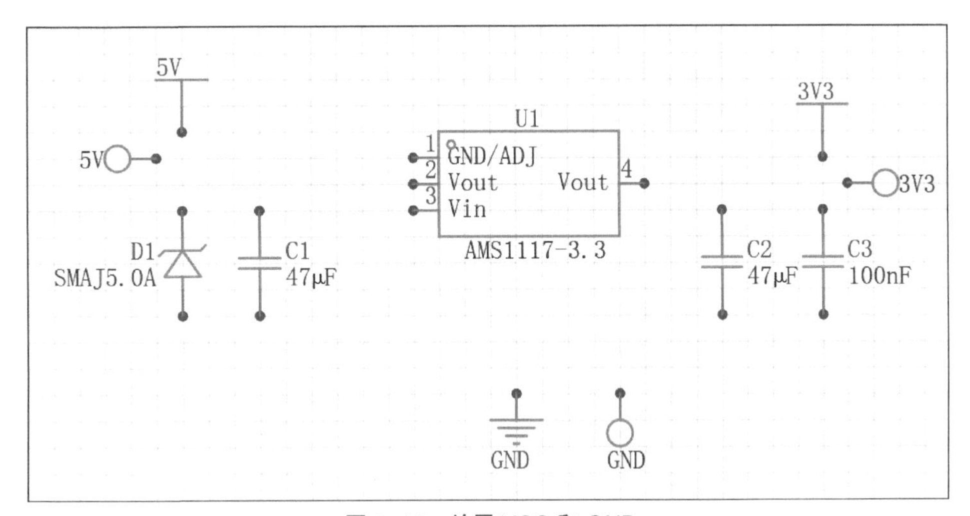

图 5-41 放置 VCC 和 GND

除了放置元件，有时还需要删除元件。删除元件的方法是：单击选中某个元件，按 Delete 键即可删除。

5.7 元件连线

元件之间的电气连接主要是通过导线来实现的。导线是电路原理图中最重要、最常用的图元之一。

导线是指具有电气性质，用来连接元件电气点的连线。导线上的任意一点都具有电气性质。单击菜单栏中的 按钮进入连接导线模式。将光标移动到需要连接导线的元件符号引脚上，这时会在引脚的端点处出现一个蓝色的圆点，单击即可放置导线的起点，如图 5-42 所示。移动光标到需要连接的引脚，在引脚的端点处也会出现一个黑色圆点，单击放置导线的起点，移动光标到需要连接的符号引脚，在引脚的端点处也会出现一个黑色圆点，再次单击即可完成两个引脚之间的连接，此时光标仍处于连接导线模式，重复上述操作可继续连接其他引脚。如果需要退出连接导线模式，单击右键或按 Esc 键即可。

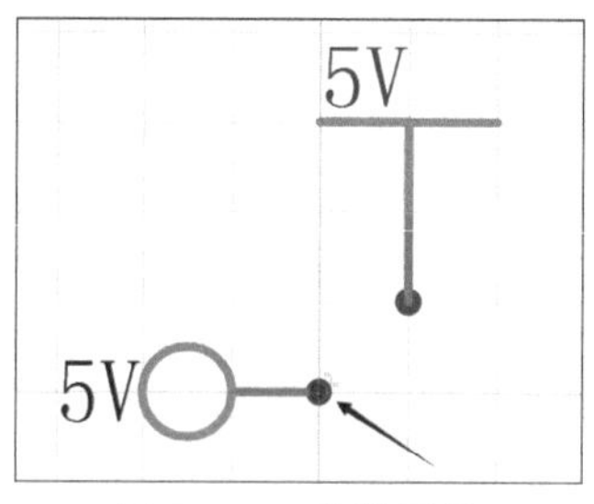

图 5-42　连接元件

在原理图设计中，一般都会将电源导线加粗，方法是：单击选中电源导线，在“属性”面板中将线宽修改为 2，如图 5-43 所示。在“属性”面板中还可以设置导线的颜色、线型等。

导线　　选中数量 1

基础属性

名称	5V
ID	$1N179
全局网络名	5V
颜色	#FF0000(D)
线宽	2
线型	实线(D)

属性　过滤

图 5-43　设置电源导线线宽

“电源转换电路（5V 转 3.3V）”导线连接完成后如图 5-44 所示。

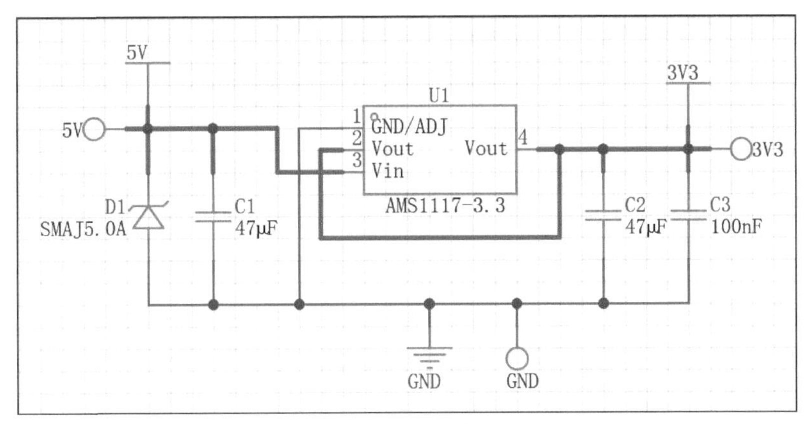

图 5-44 导线连接完成

5.8 添加文本

每个原理图都由若干模块组成，在绘制原理图时，建议分模块绘制。这样绘制的优点是：(1) 检查电路时可按模块逐个检查，提高了原理图设计的可靠性；(2) 模块可以重用到其他工程中，且经过验证的模块可以降低工程出错的概率。因此，进行原理图设计时，最好在每个模块上添加模块名称。

下面介绍如何在原理图上添加“电源转换电路（5V 转 3.3V）”模块名称。单击菜单栏中的 T 按钮，在弹出的文本框中输入模块名称“电源转换电路（5V 转 3.3V）”，如图 5-45 所示，然后单击“确认”按钮。

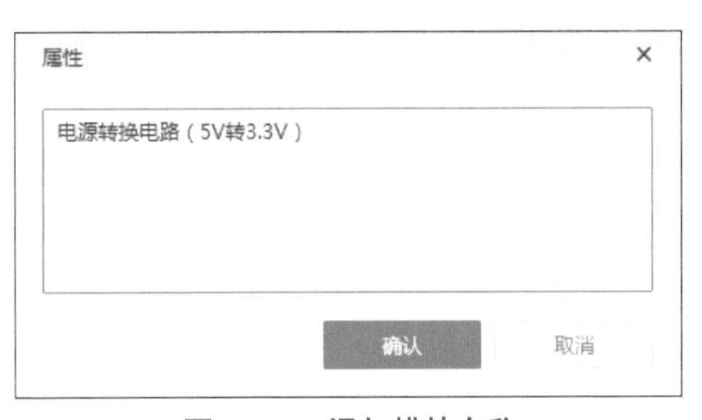

图 5-45 添加模块名称

将文本“电源转换电路（5V 转 3.3V）”移动到如图 5-46 所示的位置。

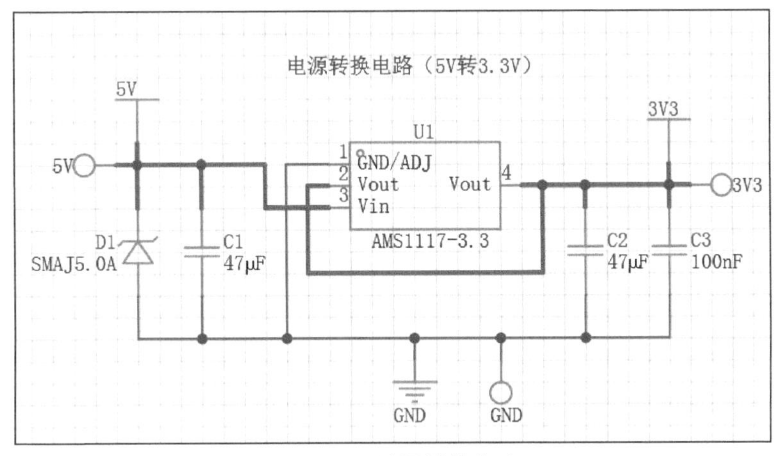

图 5-46 放置模块名称

单击选中电路模块名称，在“属性”面板中可以修改文本的颜色、字体等属性，如图 5-47 所示，将“字体大小”设置为 0.2inch，其他文本属性保持默认设置。

图 5-47 修改文本属性

5.9 添加网络名称

下面以“通信－下载模块接口电路”为例，介绍如何在原理图中添加网络。如图 5-48 所示，USART0_RX、USART0_TX、NRST 和 BOOT0 为导线网络名。

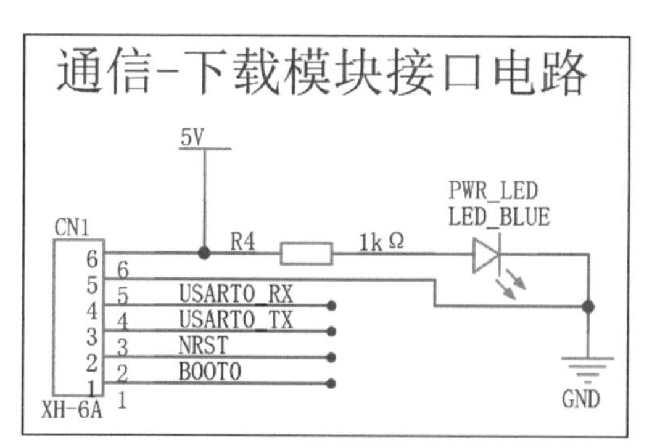

图 5-48 通信－下载模块接口电路

首先完成“通信－下载模块接口电路”的元件放置和导线连接，如图 5-49 所示。XH-6A 座子的供应商编号为 C5663，1kΩ 电阻的编号为 C21190，LED_BLUE 的编号为 C84259。注意，放置 XH-6A 座子时，引脚序号顺序若与图 5-50 不一致，则右键单击 XH-6A 座子，然后执行“上下翻转”命令进行 Y 轴翻转，也可通过按快捷键 Y 完成。

然后单击选中与 XH-6A 座子 5 号引脚连接的导线，在“名称”中输入网络名 USART0_RX，并勾选，使网络名在导线上显示，如图 5-50 所示。用同样的方法添加其他导线的网络名。

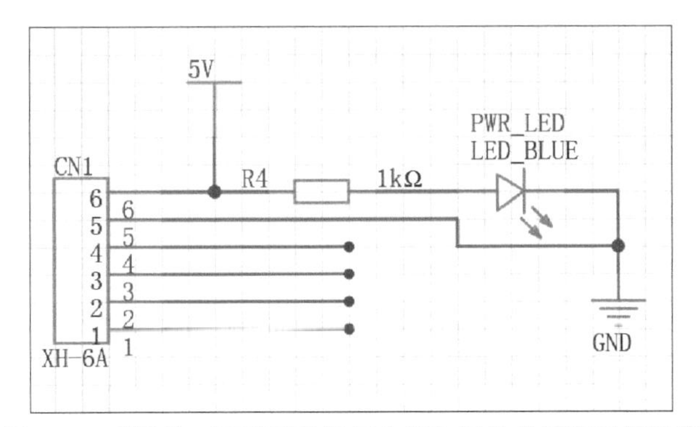

图 5-49 “通信 – 下载模块接口电路”元件放置和导线连接

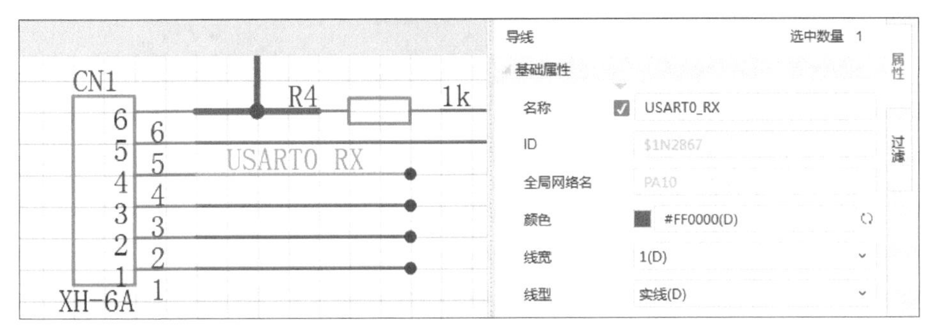

图 5-50 设置导线网络名

电路中，网络名为USART0_RX、USART0_TX、NRST 和 BOOT0 的导线分别与 GD32E230C8T6 芯片的 PA10、PA9、NRST 和 BOOT0 引脚连接，要用短接符连接不同网络名的导线，使它们对应连接，如图 5-51 所示。原理图中相同网络名的导线默认相连接，不需要使用短接符。

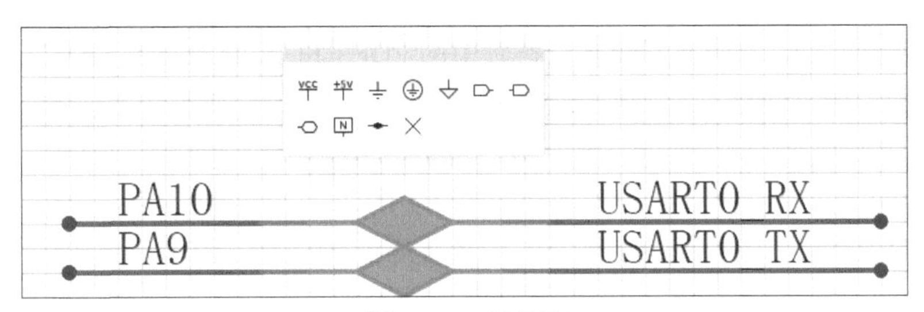

图 5-51 短接符

5.10 添加线框

为了更好地区分各个电路模块，可将独立的模块用线框隔离开。单击菜单栏中的 ⁄ 按钮，在电路模块外周绘制线框，绘制完成后如图 5-52 所示。选中线框，可在“属性”面板中设置线框的属性，如图 5-53 所示，这里设置“线宽”为 2。

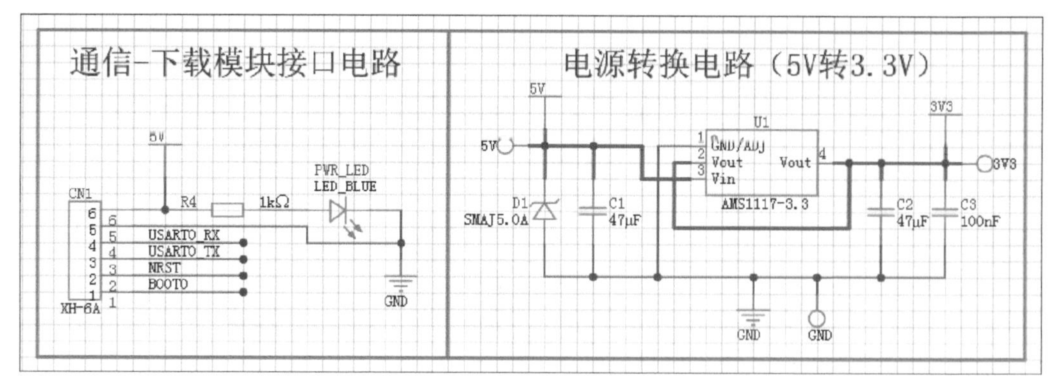

图 5-52　添加线框

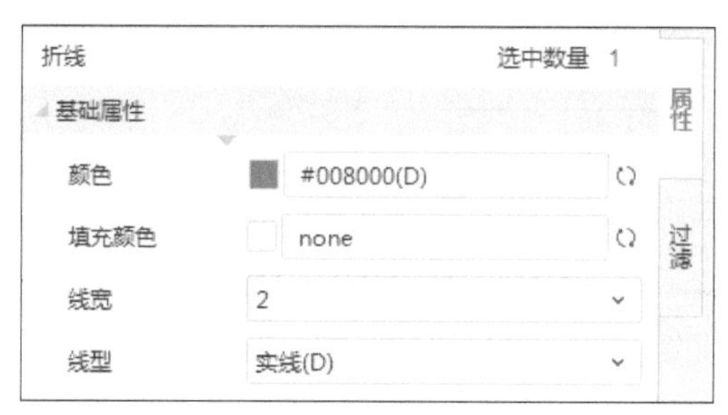

图 5-53　设置线框属性

5.11　GD32E230 核心板原理图

掌握上述操作后，参照本书配套资料包中的 PDFSchDoc 目录下的 GD32E230C8T6.pdf 文件，或附录中的“GD32E230 核心板 PDF 版本原理图”，完成整个 GD32E230 核心板的原理图绘制。

GD32E230 核心板原理图的元件清单如表 5-1 所示，考虑到与本书后续内容保持一致，建议读者使用本书提供的元件清单中的元件来设计原理图。另外，也建议参照本书提供的原理图修改元件位号，这样在 PCB 布局时可一一对应地进行操作。待能够熟练使用立创 EDA（专业版）自行设计电路时，再尝试元件自动编号。

表 5-1　GD32E230 核心板原理图元件

序　号	供应商编号	元件名称	位　号	数　量	封　装
1	C5663	XH-6A	CN1	1	CONN-TH_6P-P2.50_XH-6A
2	C6186	AMS1117-3.3	U1	1	SOT-223-3_L6.5-W3.4-P2.30-LS7.0-BR
3	C12674	8MHz	X1	1	OSC-SMD_L11.5-W4.8-P9.50

续表

序　号	供应商编号	元件名称	位　号	数　量	封　装
4	C14663	100nF	C4,C5,C13,C8,C9,C10,C3	7	C0603
5	C17032	1μF	C11	1	C0603
6	C21190	1kΩ	R4	1	R0603
7	C23138	330Ω	R5,R6	2	R0603
8	C25804	10kΩ	R1,R2,R3,R8,R9,R7	6	R0603
9	C43163	0Ω @ 100MHz	L1	1	L0603
10	C50980	2.54mm 2*20P 直排针	H2	1	HDR-TH_40P-P2.54-V-M-R2-C20-S2.54
11	C84259	LED-BLUE	PWR_LED,LED2	2	LED0805-RD
12	C434435	LED-GREEN	LED1	1	LED0805-R-RD
13	C91701	22pF	C7,C6	2	C0603
14	C149618	10nF	C12	1	C0603
15	C239344	A2541HWV-2x4P	H1	1	HDR-TH_8P-P2.54-V-R2-C4-S2.54
16	C380535	GD32E230C8T6	U2	1	LQFP-48_L7.0-W7.0-P0.50-LS9.0-BL
17	C385047	47μF	C1,C2	2	C1206
18	C782808	TS-1095-A5B2-D1	KEY2,KEY3,RST,KEY1	4	SW-TH_4P-L6.0-W6.0-P4.50-LS6.5
19	C908198	SMAJ5.0A	D1	1	SMA_L4.3-W2.6-LS5.0-RD

5.12　原理图检查

原理图设计完成后，需要检查原理图的电气连接特性。执行菜单栏命令“设计”→“检查 DRC”，如图 5-54 所示。

DRC 检查结果如图 5-55 所示，在“日志”面板中显示有 2 条信息显示位号不符合规则，单击元件 $1I1735 或 $1I2731 进行查看。

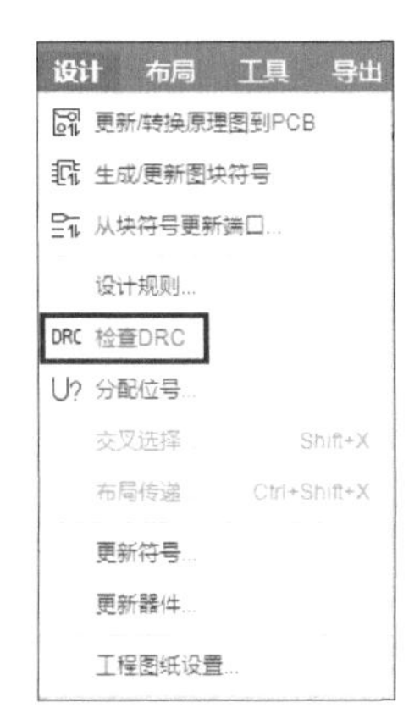

图 5-54　检查 DRC

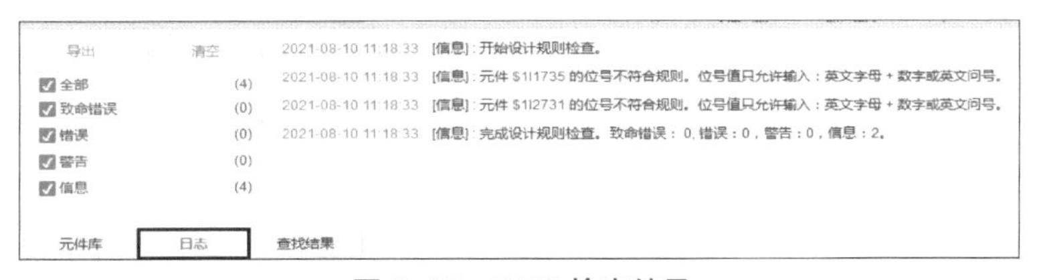

图 5-55　DRC 检查结果

单击 $1I1735，位号定位到如图 5-56 所示的位置，表示复位按键 RST 的位号命名不符合“英文字母 + 数字或英文问号”的规则，但是这个规则不影响设计，可以忽略该信息。

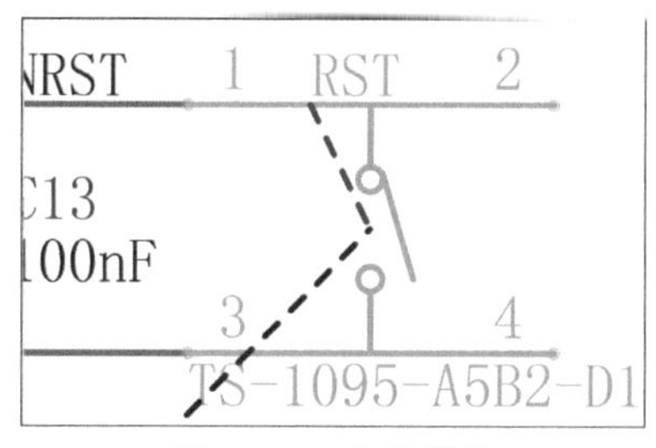

图 5-56　定位元件

当然，也可以修改设计规则，使 DRC 检查时不再提醒该类信息。执行菜单栏命令“设计”→“设计规则”，打开“设计规则”对话框，如图 5-57 所示，取消勾选第 20 条规则，然后单击“确认”按钮。再次执行 DRC 检查，发现在“日志”面板中不再提示该类信息。完成设计规则检查，在“日志”面板中显示“致命错误：0，错误：0，警告：0，信息：0”，表示 DRC 检查通过。

设计规则　×

☐	No.	检查项	设计规则	消息等级
☑	1	网络	总线名需要符合规则	致命错误
☑	2		网络名需要符合规则	致命错误
☑	3		网络名不能超过 255 个字符	错误
☑	4		通过总线分支跟总线相连的导线，必须有名称且符合所连总线的命名规则	致命错误
☑	5		如果元件含有多部件，每个部件相同引脚编号的引脚需要连接到同一个网络	致命错误
☑	6		特殊符号含有"全局网络名"属性时，所连导线的名称需要与"全局网络名"的值一致	错误
☑	7		引脚的连接端点不能重叠且未连接	致命错误
☑	8		导线不能是游离导线(未连接任何元件引脚)	警告
☑	9		导线不能是独立网络的导线(仅连接了一个元件引脚）	警告
☑	10		网络端口名称需要与所连接导线的名称一致	提醒
☑	11		网络端口名称需要与所连接总线的名称一致	提醒
☑	12		网络端口需要连接导线	提醒
☑	13	元件	元件需要有"器件"、"封装"属性，不能为空	致命错误
☑	14		元件如果有"值"属性，不能为空	致命错误
☑	15		元件的引脚需要有"编号"属性，不能为空	致命错误
☑	16		如果元件含有多部件，每个部件的"器件，封装，位号"这几个属性必须一致	致命错误
☑	17		如果元件含有多部件，每个部件除了"器件，封装，位号"这几个属性外，其他属性必须一致	警告
☑	18		如果元件含有多部件，每个部件都需要出现	错误
☑	19		检测元件悬空引脚	警告
☐	20		元件位号需要符合规则：英文字母 + 数字或英文问号	提醒

导入配置　导出配置　恢复默认　立即校验　确认　取消

图 5-57　修改 " 设计规则 "

5.13 拓展功能

5.13.1 新建原理图 / 图页

立创 EDA（专业版）支持一个工程有多个原理图，甚至多页复杂的原理图，一个原理图也可以有多张图页。新建原理图的方法和图页一样，下面以新建图页为例介绍。注意，需要先创建工程文件和板才能创建图页。

执行菜单栏命令"文件"→"新建"→"图页"，如图 5-58 所示。也可以右键单击原理图，在右键快捷菜单中选择"新建图页"命令，如图 5-59 所示。

图 5-58 新建图页方法 1

图 5-59 新建图页方法 2

在工程下可以看到新建的图页"2.P2"，如图 5-60 所示。

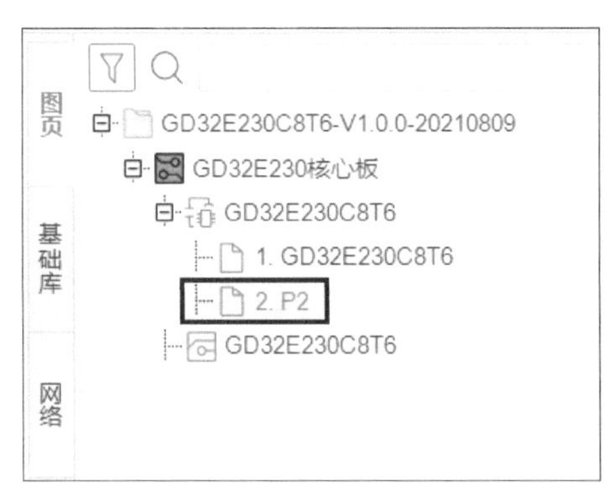

图 5-60 新图页 P2

删除图页可以通过右键单击图页，在右键快捷菜单中选择"删除"命令，如图 5-61 所示。

图 5-61　删除图页步骤 1

在弹出的“警告”对话框中，勾选“我已知悉，继续删除”，然后单击“删除”按钮，如图 5-62 所示。

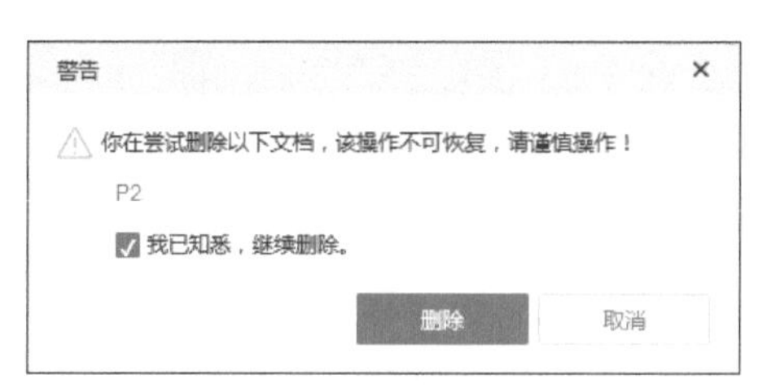

图 5-62　删除图页步骤 2

5.13.2　查看对象、元件、网络

在原理图中放置的元件、导线/总线、网络标志等都可以在“对象”面板中查看，如图 5-63 所示。

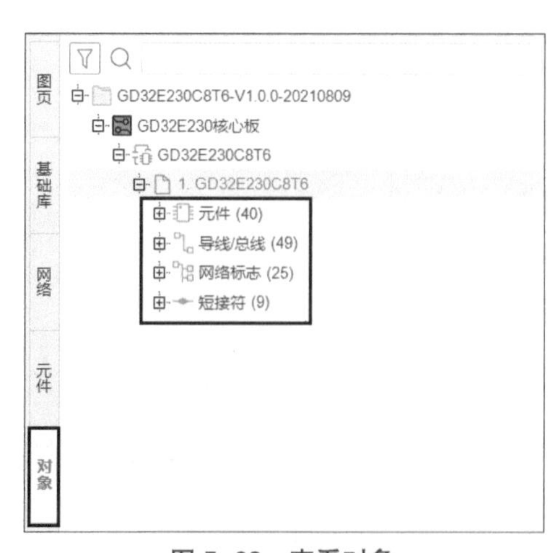

图 5-63　查看对象

单击元件、导线 / 总线、网络标志等，可以在原理图中高亮所选中的对象，双击则可以在原理图中跳转到当前对象的位置并高亮显示。

“元件”面板用于显示放置在原理图中的器件信息和数量，如图 5-64 所示。单击相应的元件可跳转到原理图中高亮显示出来。

“网络”面板用于显示原理图中连接的网络和网络的数量，以及网络中连接的引脚，如图 5-65 所示。单击相应的网络，可以在原理图中高亮显示网络和连接网络的引脚。

图 5-64 查看元件

图 5-65 查看网络

5.13.3 查找替换

当需要在原理图中查找元件、导线、总线、符号、文本、引脚等元素时，可以执行菜单栏命令“编辑”→“查找替换”，如图 5-66 所示，或按快捷键 Ctrl+F。

在弹出的“查找和替换”对话框中，在文本框中输入需要查找的内容，可以选择精确查找或模糊查找，还可以选择查找范围、查找对象等，如图 5-67 所示，例如在原理图中查找 10kΩ 电阻，然后单击“查找全部”按钮。

在“查找结果”面板中可以看到结果列表，如图 5-68 所示，查找到的 10kΩ 电阻也会在原理图中高亮显示。

替换功能用于将查找的结果进行替换，其操作与查找类似。注意，要先查找，再替换，如图 5-69 所示，“替换全部”为替换工程下查找的所有内容；“替换当前”为只替换当前选中的内容。

图 5-66 查找替换

查找和替换 ×

查找 替换

查找内容: 全部 精准 10kΩ

查找范围: 当前原理图

查找对象: 元件 导线 总线 引脚 文本

输入格式: 使用通配符[*?] 区分大小写 使用表达式

筛选对象: 在已查找结果中查找

查找全部 上一个 下一个 取消

图 5-67　查找 10kΩ 电阻

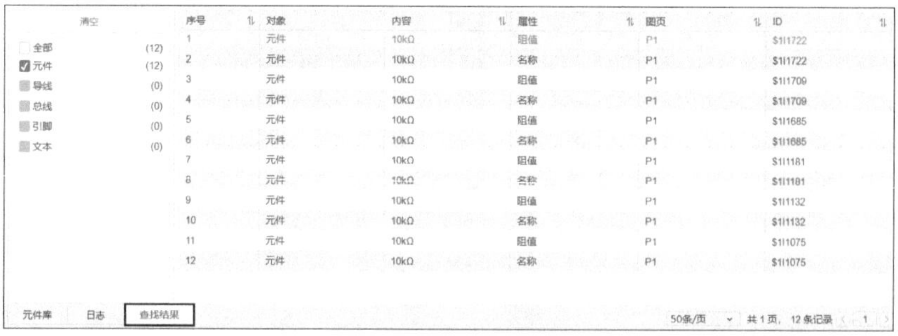

清空

全部 (12)
元件 (12)
导线 (0)
总线 (0)
引脚 (0)
文本 (0)

序号	对象	内容	属性	图页	ID
1	元件	10kΩ	阻值	P1	$1I1722
2	元件	10kΩ	名称	P1	$1I1722
3	元件	10kΩ	阻值	P1	$1I1709
4	元件	10kΩ	名称	P1	$1I1709
5	元件	10kΩ	阻值	P1	$1I1685
6	元件	10kΩ	名称	P1	$1I1685
7	元件	10kΩ	阻值	P1	$1I1181
8	元件	10kΩ	名称	P1	$1I1181
9	元件	10kΩ	阻值	P1	$1I1132
10	元件	10kΩ	名称	P1	$1I1132
11	元件	10kΩ	阻值	P1	$1I1075
12	元件	10kΩ	名称	P1	$1I1075

元件库 日志 查找结果　　50条/页 共1页，12条记录 1

图 5-68　查找结果

查找和替换 ×

查找 替换

查找内容: 全部 精准 10kΩ

替换为:

查找范围: 当前原理图

查找对象: 元件 导线 总线 引脚 文本

输入格式: 使用通配符[*?] 区分大小写 使用表达式

筛选对象: 在已查找结果中查找

替换全部 替换当前 查找全部 上一个 下一个

图 5-69　替换

5.13.4　过滤

在“过滤”面板中可以筛选想要选择的元素，如图 5-70 所示，勾选相应的元素，可以在原理图中进行选择；若取消勾选，则在原理图中无法进行选择。

图 5-70　过滤

5.13.5　选择对象

在绘制原理图时，经常需要选择对象，而且还有不同的选择需求，立创 EDA（专业版）提供了 6 种选择对象的方式。如图 5-71 所示，执行菜单栏命令“编辑”→“选择对象”，再根据实际需求，选择对应的选择对象命令。

图 5-71　选择对象

全部：选择原理图中的所有元素，也可以通过按快捷键 Ctrl+A 实现。

连续选择：单击连续选择多个元素，也可以按下 Ctrl 键的同时，连续单击元素。

矩形外部：在绘制的矩形外部的元素被选中，矩形内部的不被选中。

多边形内部：在绘制的多边形图形内部的元素被选中，外部的不被选中。

多边形外部：在绘制的多边形图形内部的元素不被选中，外部的被选中。

接触到线条的：接触到线条的元素被选中。

5.13.6 阵列对象

在原理图设计中，有时需要多次使用某个元件或模块，例如“GD32E230 核心板原理图”中的“独立按键电路”和“复位按键”，可以通过复制 / 粘贴的方式实现，也可以通过“阵列对象”命令实现。下面以“独立按键电路”中的 KEY3 电路为例介绍。

框选 KEY3 电路，执行菜单栏命令“编辑”→“阵列对象”，如图 5-72 所示。

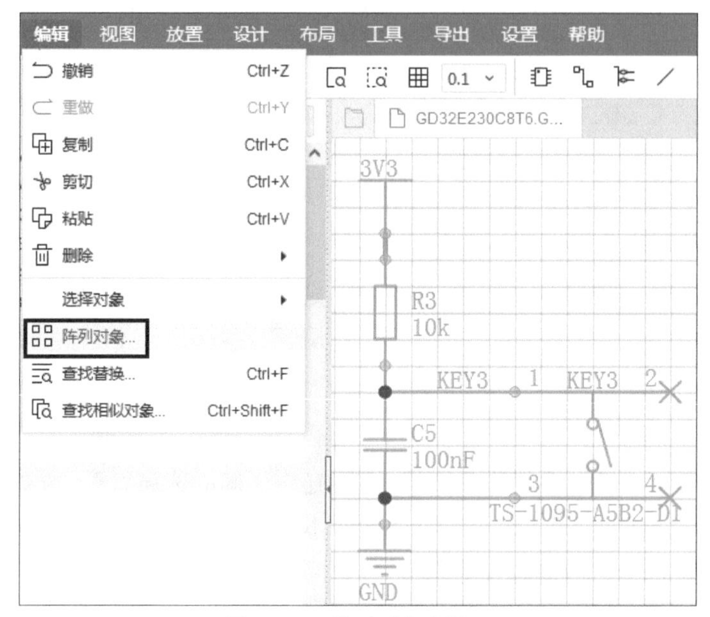

图 5-72 阵列对象步骤 1

在弹出的“阵列”对话框中，输入行数、列数、行距和列距，如图 5-73 所示，然后单击“确认”按钮。

阵列

行：1

列：3

行距：1.5inch

列距：1.5inch

确认　取消

图 5-73 阵列对象步骤 2

生成的阵列对象结果如图 5-74 所示，生成了 1 行 3 列一模一样的电路，并且系统自动重新分配位号，但是网络名需要重新设置。

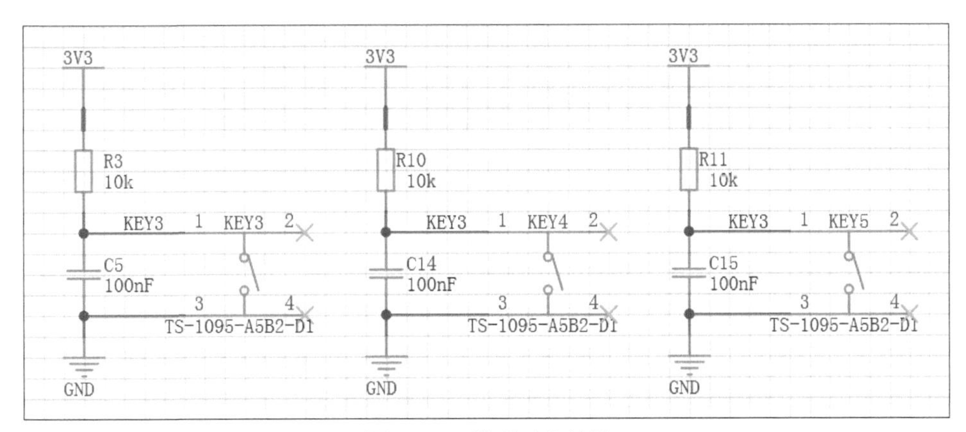

图 5-74 阵列对象结果

本章任务

熟练使用立创 EDA（专业版）进行原理图设计，完成整个 GD32E230 核心板的原理图绘制，并通过 DRC 检测。

本章习题

1. 简述原理图设计的流程。
2. 简述搜索元件的方法。
3. 在原理图设计环境中，如何实现元件的左向旋转、左右翻转和上下翻转？
4. 在原理图设计环境中，如何修改元件的属性？
5. 立创 EDA（专业版）有几种选择对象方式？每种方式具体怎么实现？
6. 如何使用阵列对象功能？

6 GD32E230 核心板 PCB 设计

PCB 设计是将电路原理图变成具体的电路板的必由之路，是电路设计过程中至关重要的一步。如何将第 5 章设计好的 GD32E230 核心板原理图通过立创 EDA（专业版）转变成 PCB，就是本章要介绍的内容。学习完本章，读者将能够完成整个 GD32E230 核心板 PCB 的布局、布线、铺铜等操作，为后续进行电路板制作做准备。

学习目标：

➢ 了解使用立创 EDA（专业版）进行 PCB 设计的流程。

➢ 能够熟练进行元件的布局操作。

➢ 能够熟练进行 PCB 的布线操作。

➢ 能够使用立创 EDA（专业版）完成 GD32E230 核心板的 PCB 设计。

6.1 PCB 设计流程

GD32E230 核心板的 PCB 设计流程如图 6-1 所示，具体如下。

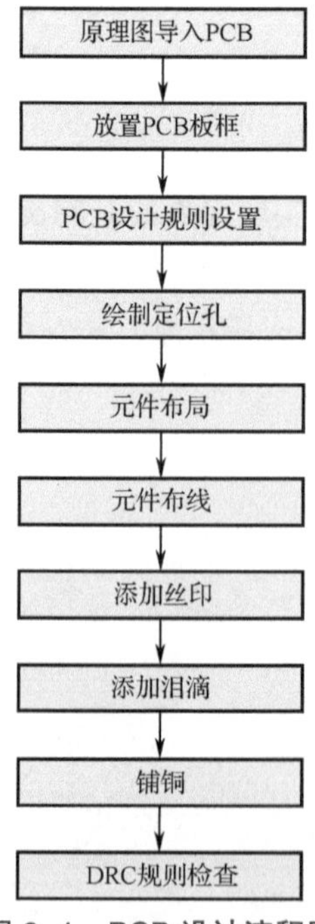

图 6-1 PCB 设计流程图

（1）将 GD32E230 核心板的原理图导入 PCB 文件中。
（2）放置 PCB 板框。
（3）设置 PCB 设计规则。
（4）绘制定位孔。
（5）对 PCB 上的元件进行布局操作。
（6）进行元件布线操作。
（7）添加丝印。
（8）添加泪滴。
（9）PCB 顶层和底层铺铜。
（10）DRC 规则检查。

6.2 将原理图导入 PCB

在创建工程时已经把板子、原理图、图页、PCB 创建好了，如图 6-2 所示为 GD32E230 核心板的 PCB 文件。

图 6-2 PCB 文件

在原理图设计环境中，执行菜单栏命令“设计”→“更新 / 转换原理图到 PCB”，如图 6-3 所示。

图 6-3 原理图转 PCB 步骤 1

在弹出的“确认导入信息”对话框中，单击“应用修改”按钮，如图 6-4 所示。

确认导入信息 ×

元件	动作	对象	导入前	导入后
R1	增加元件	R1	-	R1
KEY2	增加元件	KEY2	-	KEY2
R2	增加元件	R2	-	R2
C4	增加元件	C4	-	C4
R3	增加元件	R3	-	R3
KEY3	增加元件	KEY3	-	KEY3
C5	增加元件	C5	-	C5
U2	增加元件	U2	-	U2
R8	增加元件	R8	-	R8
R9	增加元件	R9	-	R9
R7	增加元件	R7	-	R7
RST	增加元件	RST	-	RST
C13	增加元件	C13	-	C13
C8	增加元件	C8	-	C8

同时更新导线的网络(只适用于元件编号或网络标签变更的场景，不适用于元件或导线增删的场景)

应用修改 取消 帮助

图 6–4　原理图转 PCB 步骤 2

转换到 PCB 后的效果如图 6-5 所示，相同类型的元件排成一列。

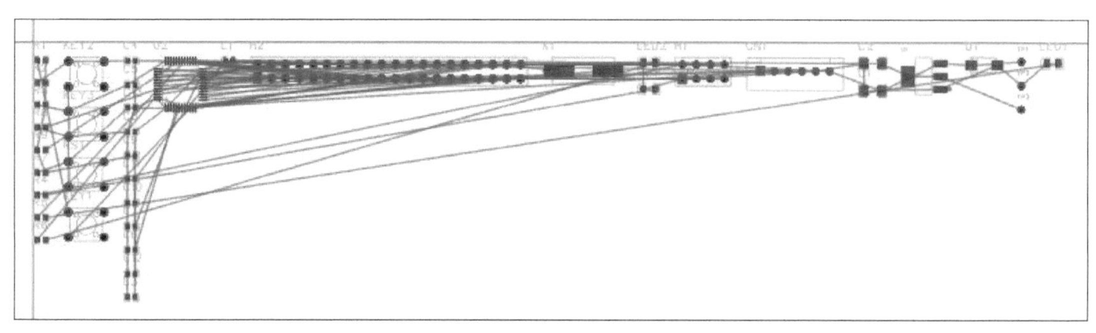

图 6–5　原理图转 PCB 步骤 3

图 6–6　从原理图导入变更

6.3　从原理图导入变更

在电路设计过程中，除了需要将元件从原理图导入新建的 PCB 中，还常常遇到修改或重新设计原理图的情况，同时也要将修改的内容更新到 PCB 中。更新 PCB 的方法有两种。

方法一：在原理图设计环境中，执行菜单栏命令“设计”→“更新 / 转换原理图到 PCB”。

方法二：在 PCB 设计环境中，执行菜单栏命令“设计”→“从原理图导入变更”，如图 6-6 所示。

在“确认导入信息”对话框中，确认在原理图中变更的内容，若无问题，则单击“应用修改”按钮，如图 6-7 所示。如果需要同时更新 PCB 里面的导线网络，则勾选“同时更新导线的网络（只适用于元件编号或网络标签变更的场景，不适用于元件或导线增删的场景)”选项，编辑器会根据焊盘的网络自动更新关联的导线网络。

图 6-7 确认导入信息

6.4 放置板框

在 PCB 设计环境中，如图 6-8 所示，将网格单位设置为 mm，然后执行菜单栏命令“放置”→“板框”→“矩形”。

在图纸上绘制一个矩形框，绘制完成后，按 Esc 键退出命令。单击选中板框，在“属性”面板中设置板框的线宽为 0.254mm，板框尺寸为 75mm×65mm，如图 6-9 所示。

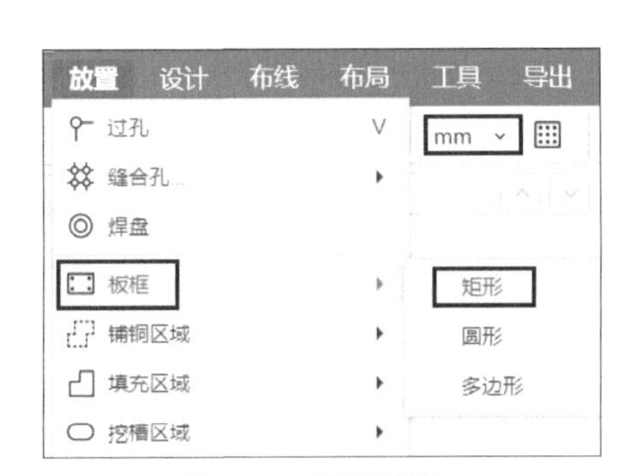

图 6-8 放置板框

图 6-9 设置板框属性

单击选中板框，然后右键单击空白处，在弹出的右键快捷菜单中，选择“添加圆角”命令，如图 6-10 所示。

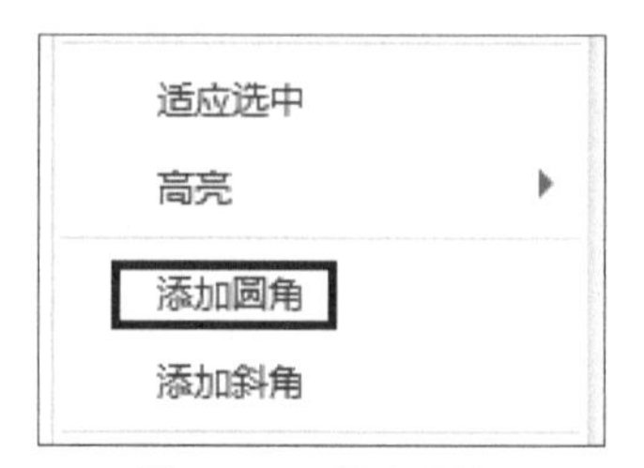

图 6–10　添加圆角

在如图 6-11 所示的“输入值”对话框中，输入倒角半径为 1.5mm，然后单击“确认”按钮。

图 6–11　设置倒角半径

这时板框的 4 个顶角变成圆角，如图 6-12 所示。

图 6–12　圆角板框

6.5　规则设置

为了保证电路板在后续工作过程中保持良好的性能，在 PCB 设计中常常需要设置规则，如线间距、线宽、不同电气节点的最小间距等。不同的 PCB 设计有不同的规则要求，所以在每个 PCB 设计项目开始之前都要设计相应的规则。下面针对 GD32E230 核心板，详细介绍需要设计的规则。学习完本节后，建议读者查阅相关文献了解其他规则。

在 PCB 设计环境中，执行菜单栏命令“设计”→“设计规则”，如图 6-13 所示。

图 6-13 设计规则

在“设计规则”对话框的“规则管理”标签页中，可以在每类规则下新增、修改、删除规则，对没有特殊设置规则的网络，可使用默认规则，如图 6-14 所示。

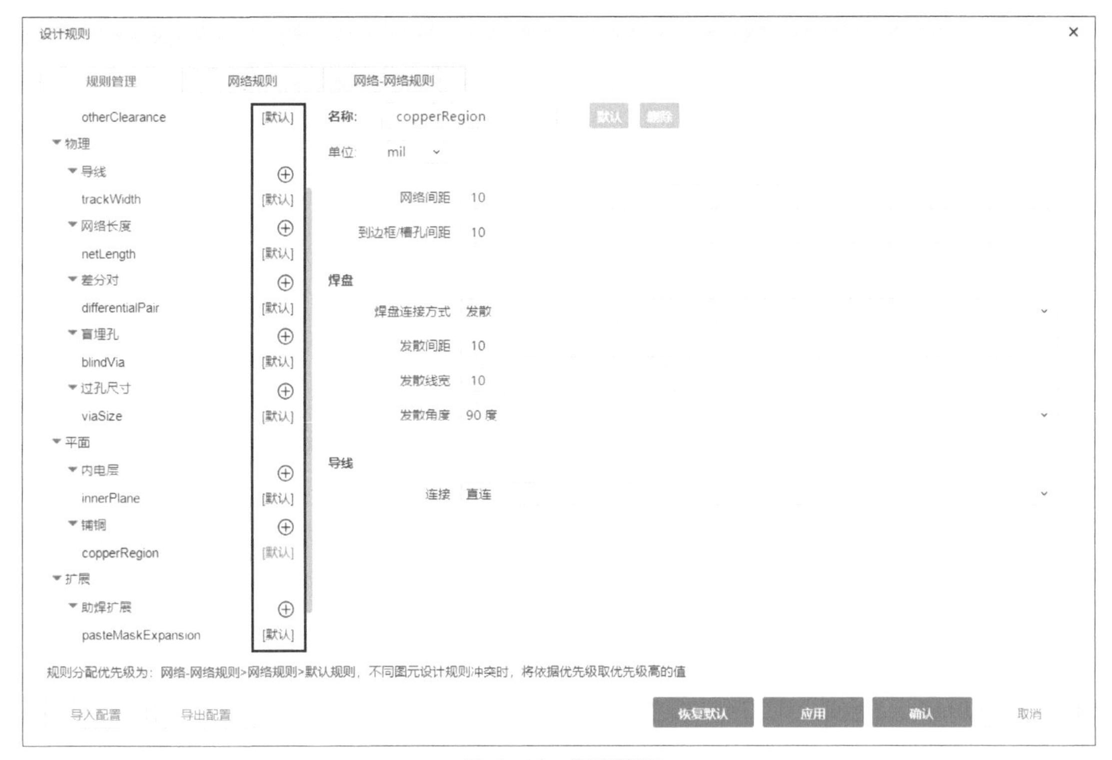

图 6-14 规则管理

间距：当前规则的元素间距。PCB 中具有不同网络的两个元素之间的间距不能小于规则间距。单击打开“安全间距”下的 SafeClearance，如图 6-15 所示，将 GD32E230 核心板上的所有元素之间的安全间距设置为 8mil。单击任意一个表格可修改规则的数值；单击顶部的名称可批量修改数值，例如单击“导线”，弹出如图 6-16 所示的“批量修改间距值”对话框，输入安全间距值，然后单击“确认”按钮。

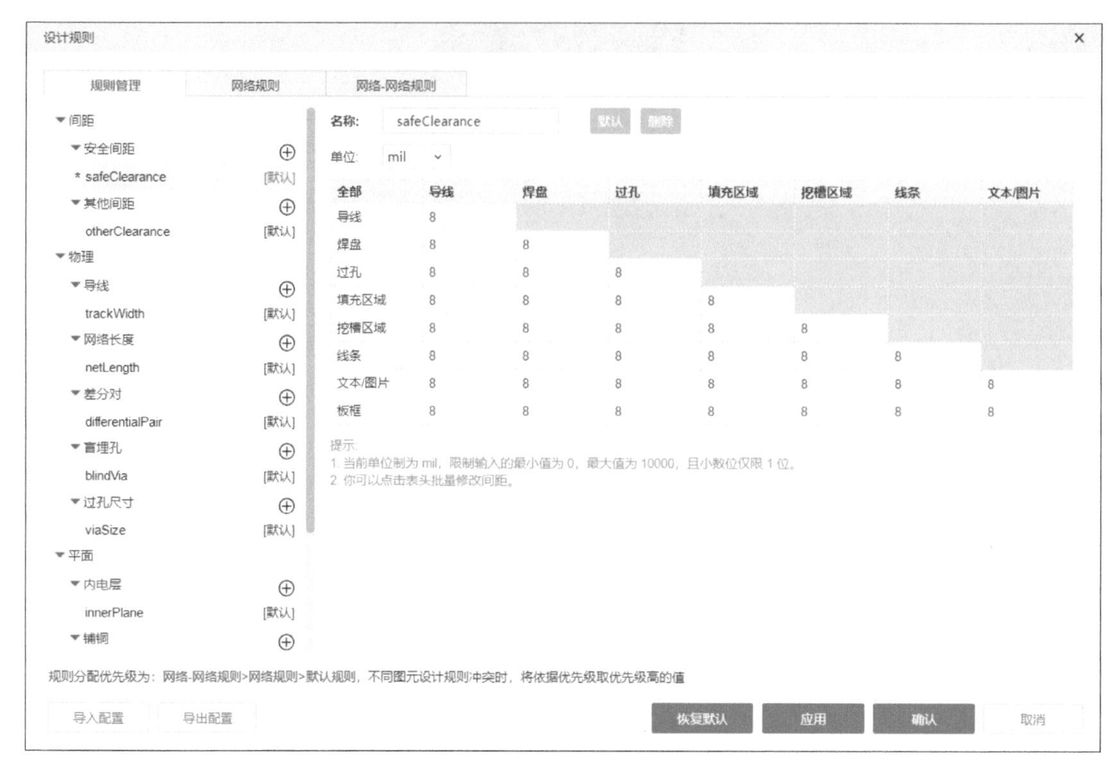

图 6-15　设置安全间距步骤 1

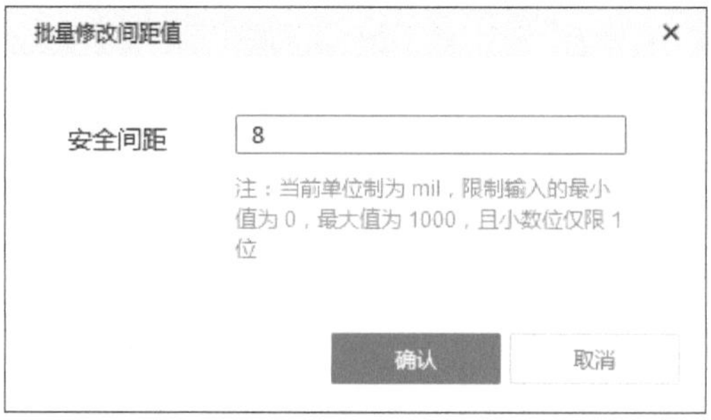

批量修改间距值

安全间距　8

注：当前单位制为 mil，限制输入的最小值为 0，最大值为 1000，且小数位仅限 1 位

确认　取消

图 6-16　设置安全间距步骤 2

导线：当前规则的导线宽度。PCB 中的导线宽度不能小于或大于规则线宽。单击打开“导线”下的 trackWidth，如图 6-17 所示，将最小线宽设置为 10mil，默认线宽为 10mil，最大线宽为 30mil。在 GD32E230 核心板中，线宽为 10mil 的导线用于信号线，30mil 的导线用于电源线和地线。

然后单击“导线”右侧的⊕按钮，在“导线”下新增一个针对电源线和地线的规则，如图 6-18 所示，将新增的规则命名为 VCC and GND，最小线宽设置为 10mil，因为导线的粗细还与元件焊盘大小有关，GD32E230C8T6 芯片的焊盘不允许走 30mil 的导线；默认线宽、最大线宽都设置为 30mil。

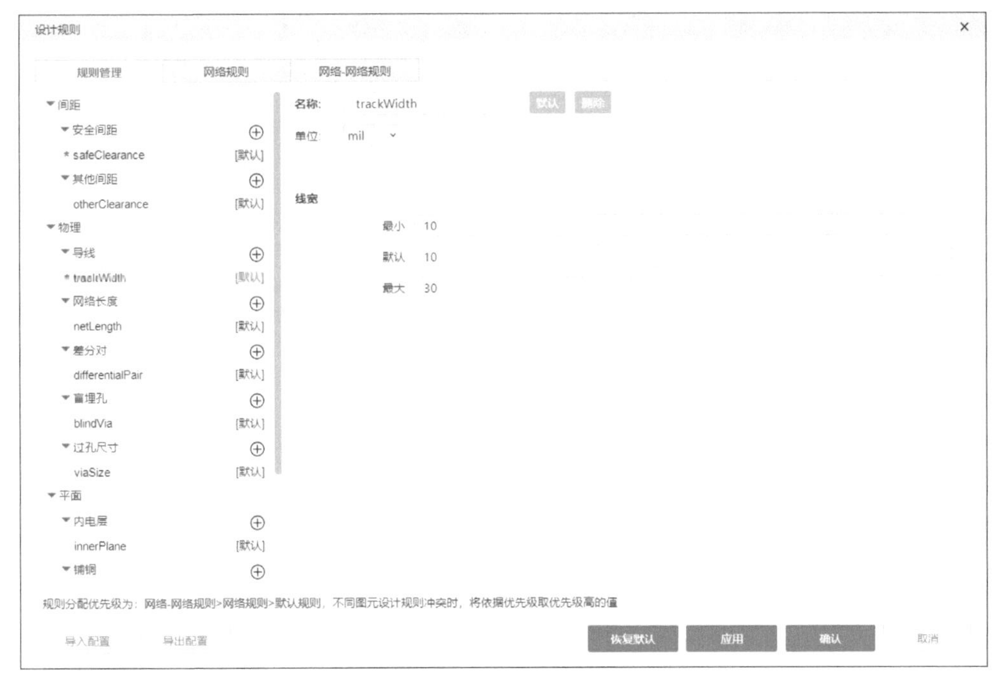

图 6-17　设置导线线宽步骤 1

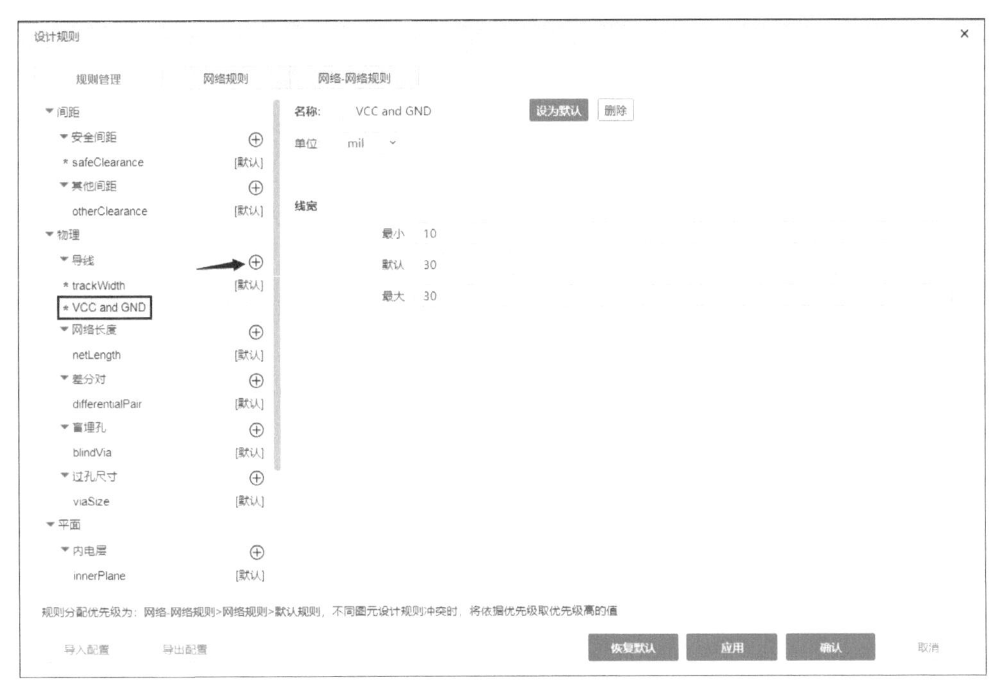

图 6-18　设置导线线宽步骤 2

过孔尺寸：可以在“过孔尺寸”规则中设置“过孔外直径”和“过孔内直径”的最小、默认和最大尺寸。PCB 中的过孔尺寸如果不满足最小到最大的范围，将被 DRC 检测出来。默认孔径是指每次放置过孔时默认设置的尺寸。在 GD32E230 核心板中，过孔外径默认为 24mil，过孔内径默认为 12mil，如图 6-19 所示。

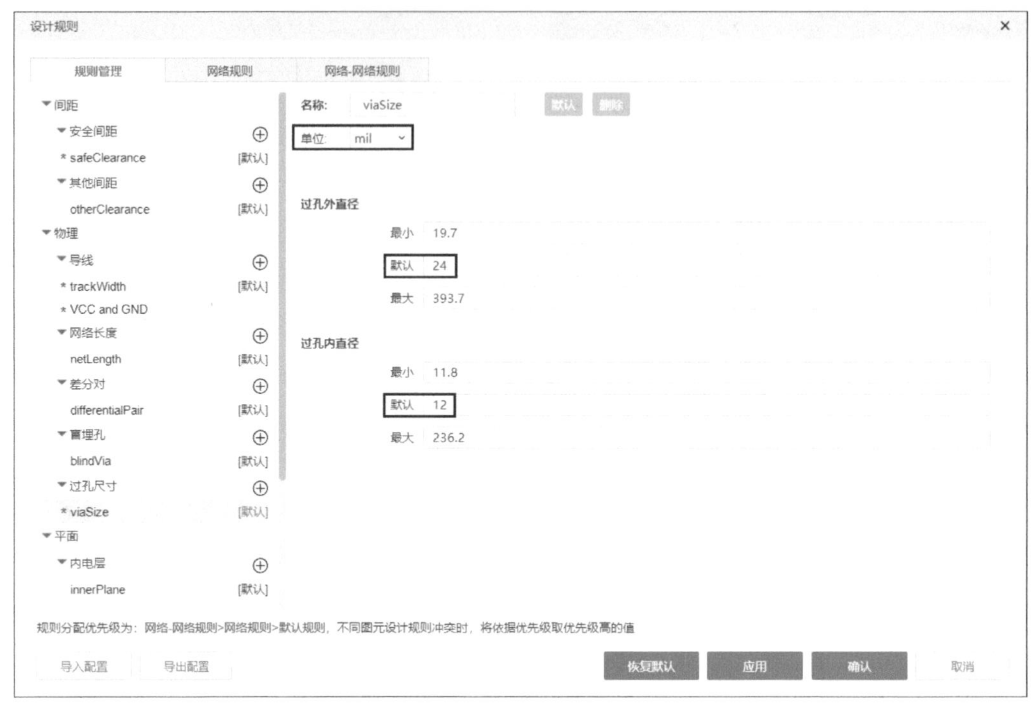

图 6-19　过孔尺寸

单击打开“铺铜”下的 copperRegion，如图 6-20 所示，“网络间距”指设置铺铜时，铜皮填充到不同网络元素的间距；“到边框 / 槽孔间距”指铜皮填充到边框、挖槽区域的间距。在 GD32E230 核心板中，将“网络间距”和“到边框 / 槽孔间距”都设置为 20mil。

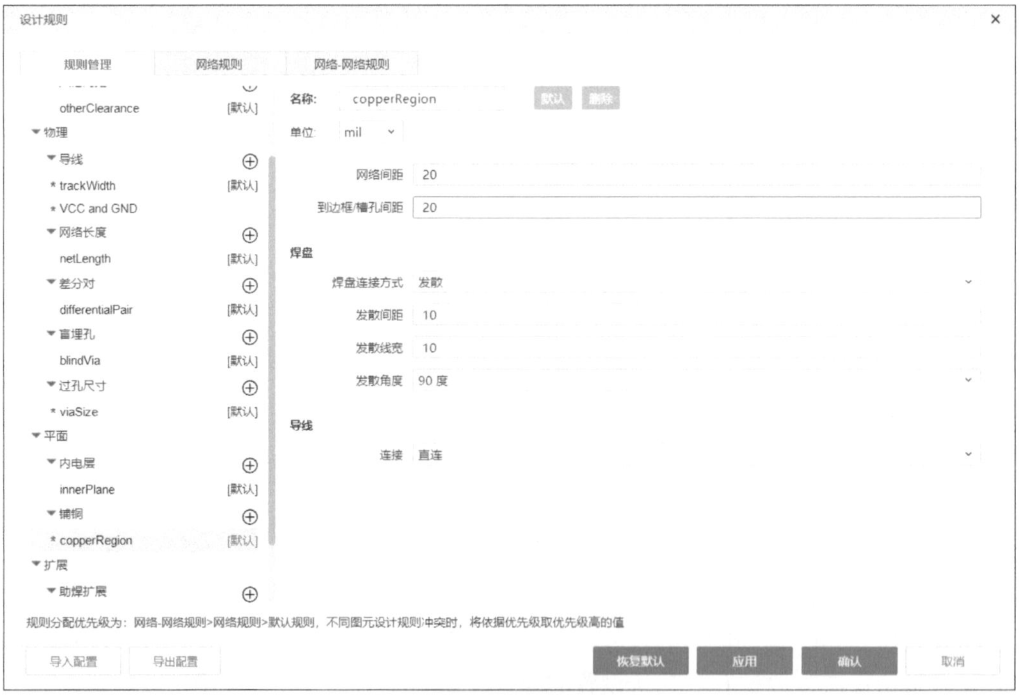

图 6-20　铺铜设计规则

“焊盘连接方式”分为直连、发散和无连接，如图 6-21 所示，“直连”为焊盘与铜皮直接连接；“发散”连接方式需要设置“发散间距”“发散线宽”和“发散角度”；“无连接”则表示焊盘与铜皮没有连接，通过导线连接。在 GD32E230 核心板中，将“焊盘”连接方式设置为“发散”，“发散间距”和“发散线宽”设置为 10mil，“发散角度”为 90°。“导线”的连接方式为“直连”。

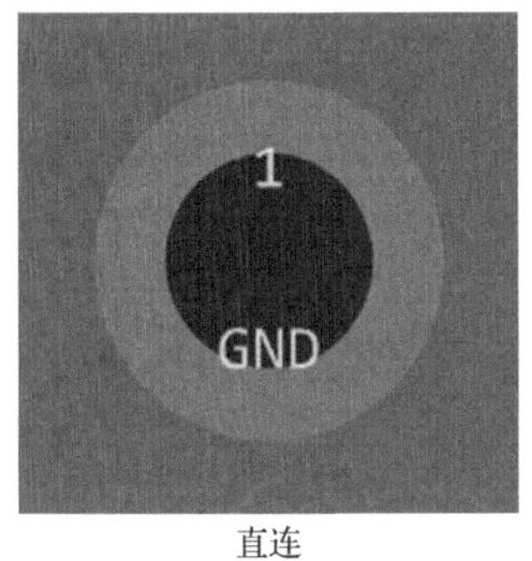

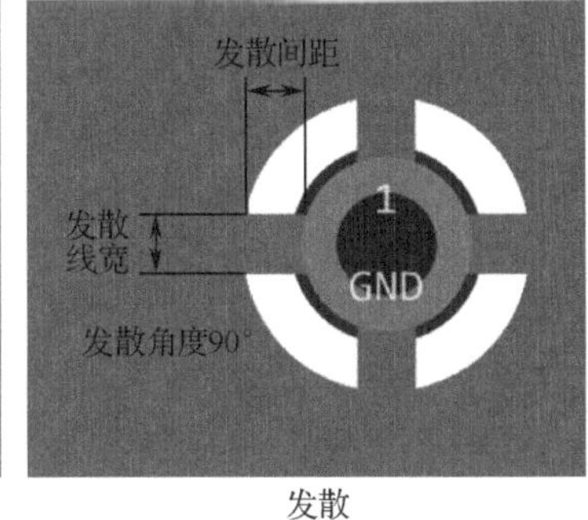

直连　　发散　　无连接

图 6-21　连接方式

网络规则：在网络列表中选中一个网络，在“规则”的下拉菜单中选择要设置的规则，然后单击“应用”按钮，那么这个网络就应用了该规则。如图 6-22 所示，分别将电源线和地线的导线设置为 VCC and GND 规则。

图 6-22　网络规则

图 6-23 实时 DRC

最后，单击“应用”按钮，再单击“确认”按钮。

完成一个 PCB 设计后，需要对 PCB 进行规则检查，规则检查是依据以上设置的规则进行的，那么开启“实时 DRC”功能，就能在设计 PCB 的过程中及时检查并纠正错误。如图 6-23 所示，执行菜单栏命令“设计”→“实时 DRC”，当勾选“实时 DRC”时，表示已经开启该功能。

6.6 层的设置

6.6.1 层工具

PCB 设计经常使用到“图层”面板，如图 6-24 所示，单击 按钮显示或隐藏对应的层；单击颜色标识区，当显示 图标时，表示该层已进入编辑状态，可进行布线等操作。在 PCB 设计环境中，切换层的快捷键有：

1 T——切换至顶层；

1 B——切换至底层。

图 6-24 图层

6.6.2 图层管理器

通过“图层管理器”，可以设置 PCB 的层数和其他参数。

单击“图层”面板中的 按钮，或执行菜单栏命令“工具”→“图层管理器”，打开“图层管理器”对话框，如图 6-25 所示。注意，“图层管理器”中的设置仅对当前的 PCB 有效。

下面详细介绍“图层管理器”对话框内的参数。

名称：层的名称，内层支持自定义名称。GD32E230 核心板为双层板设计，所以没有内层，内层存在于四层板或更高层数板中。

类型：分为信号层、丝印层、阻焊层、助焊层、装配层等。

颜色：可以为每个层配置不同的颜色。

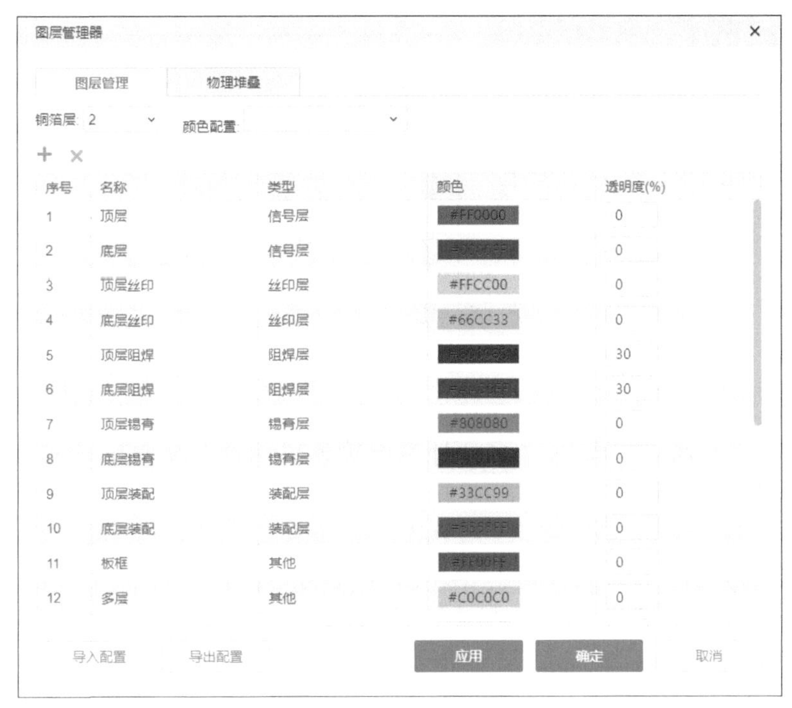

图 6-25 图层管理器

透明度：默认的透明度为 0%，数值越高，层越透明。

层的定义如下。

（1）顶层 / 底层：PCB 顶面和底面的铜箔层，用于电气连接及信号布线。

（2）顶层丝印层 / 底层丝印层：可在丝印层印刷文字或符号来标示元件在电路板的位置等信息。

（3）顶层阻焊层 / 底层阻焊层：即电路板的顶层和底层盖油层，盖油的作用是阻止不需要的焊接。该层属于负片绘制方式，当有导线或区域不需要盖油时，需要在对应的位置进行绘制，电路板上这些区域将不会被油覆盖，方便上焊锡等操作，该过程一般称为开窗。

（4）顶层助焊层 / 底层助焊层：用于为贴片焊盘制造钢网，以便于焊接。

（5）顶层装配层 / 底层装配层：元件的简化轮廓，用于产品装配、维修以及导出可打印的文档，对电路板制作无影响。

6.7 绘制定位孔

制作好的电路板需要通过定位孔固定在结构件上。观察 GD32E230 核心板实物可以看到，电路板的 4 个顶角各有一个定位孔，下面详细介绍如何在 PCB 上绘制定位孔。

执行菜单栏命令“放置”→“挖槽区域”→“圆形”，如图 6-26 所示。

单击 PCB 的左上角开始绘制一个圆，如图 6-27 所示，绘制完成后再次单击，按 Esc 键可退出命令。

图 6–26 绘制定位孔步骤 1

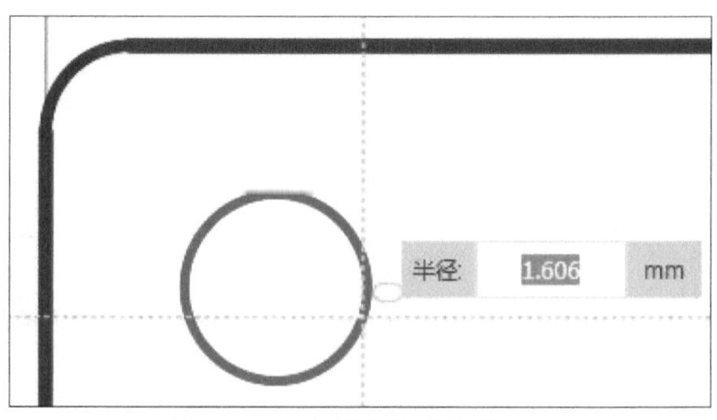

图 6–27 绘制定位孔步骤 2

然后单击选中该圆，在 PCB 设计环境右侧的“属性”面板中设置圆的参数，如图 6-28 所示，圆心坐标为（3.5mm，61.5mm），半径为 1.6mm。设置完成后的圆如图 6-29 所示。

按照同样的方法绘制其余三个圆，半径均为 1.6mm，右上角圆的圆心坐标为（71.5mm，61.5mm），左下角圆的圆心坐标为（3.5mm，3.5mm），右下角圆的圆心坐标为（71.5mm，3.5mm）。4 个定位孔全部绘制完成的效果图如图 6-30 所示。

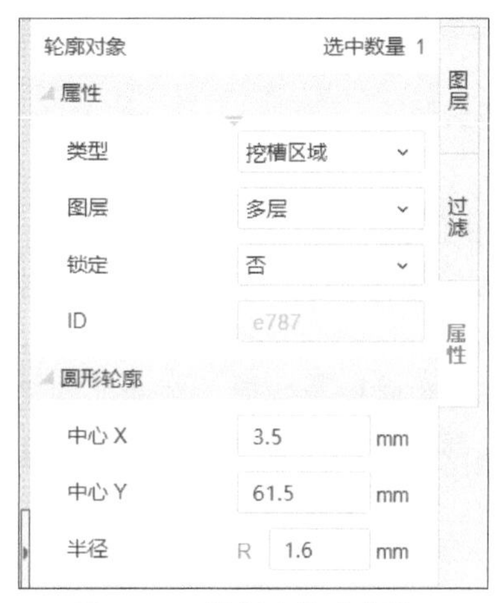

图 6–28 绘制定位孔步骤 3

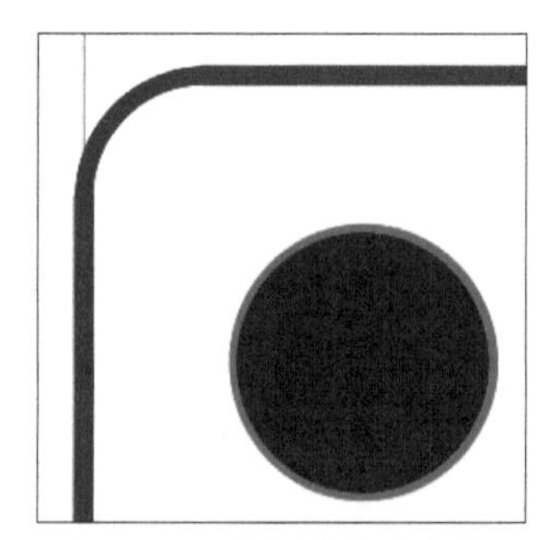

图 6–29 绘制定位孔步骤 4

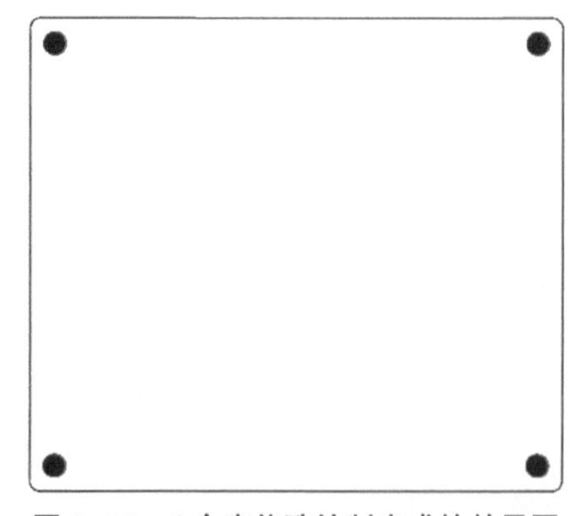

图 6–30 4 个定位孔绘制完成的效果图

单击菜单栏中的 2D 或 3D 按钮，查看 2D 显示或 3D 显示可以获得更真实的效果图。

6.8 元件的布局

将元件按照一定的规则在 PCB 中摆放的过程称为布局。布局既是 PCB 设计过程中的难点，也是重点，布局合理，接下来的布线就会相对容易。

6.8.1 布局原则

布局一般要遵守以下原则：

（1）布线最短原则。例如，集成电路（IC）的去耦电容应尽量放置在相应的 VCC 和 GND 引脚之间，且距离 IC 尽可能近，使之与 VCC 和 GND 之间形成的回路最短。

（2）将同一功能模块集中原则。即实现同一功能的相关电路模块中的元件就近集中布局。

（3）“先大后小，先难后易”原则。即重要的单元电路、核心元件应优先布局。

（4）布局中应参考原理图，根据电路的主信号流向规律放置主要元件。

（5）元件的排列要便于调试和维修，即小元件周围不能放置大元件，需调试的元件周围要有足够的空间。

（6）同类型插件元件在 X 轴或 Y 轴方向上应朝同一方向放置。同一种类型的有极性分立元件也要尽量在 X 轴或 Y 轴方向上保持一致，以便于生产和检验。

（7）布局时，位于电路板边缘的元件，离电路板边缘一般不小于 2mm，如果空间允许，建议距离设置为 5mm。

（8）布局晶振时，应尽量靠近 IC，且与晶振相连的电容要紧邻晶振。

6.8.2 布局基本操作

布局元件时，应掌握以下基本操作。

（1）交叉选择和布局传递。此功能用于切换原理图符号和 PCB 封装之间的对应位置。在原理图中选中一个元件或电路模块后，执行菜单栏命令“设计”→“交叉选择”，如图 6-31 所示。或按快捷键 Shift+X，即可切换至 PCB，并高亮显示元件的 PCB 封装。在同一板子下的原理图和 PCB，可以使用布局传递功能把在当前原理图中选中的元件布局传递到 PCB 中，方便快速聚集所需要的元件，实现快速布局布线。

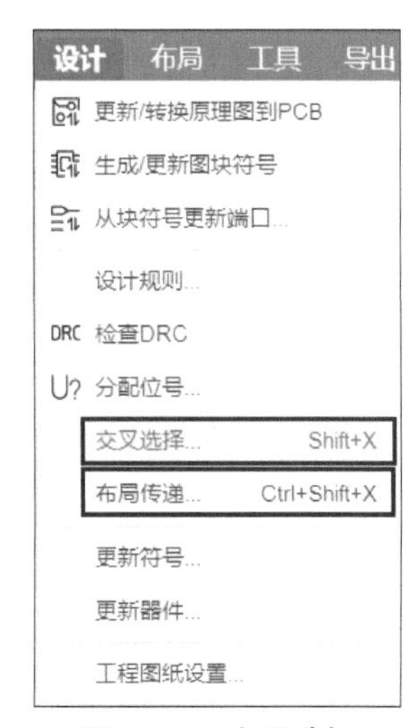

图 6-31 交叉选择

（2）元件的复选。按下 Ctrl 键，同时单击元件，即可实现多个元件的复选。

（3）元件的对齐。首先选中需要对齐的元件，然后单击菜单栏中的 按钮，在下拉菜单中选择所需的对齐操作，即可实现元件的对齐摆放，如图 6-32 所示。单击菜单栏中的 按钮，在下拉菜单中选择所需的分布操作，即可实现元件的分布摆放，如图 6-33 所示。

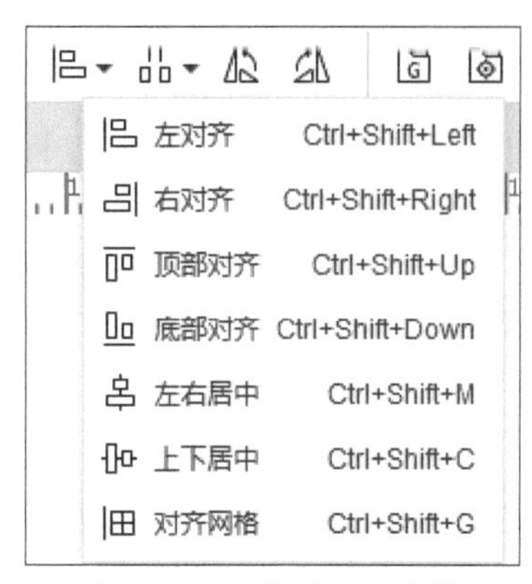

图 6-32 元件对齐工具栏

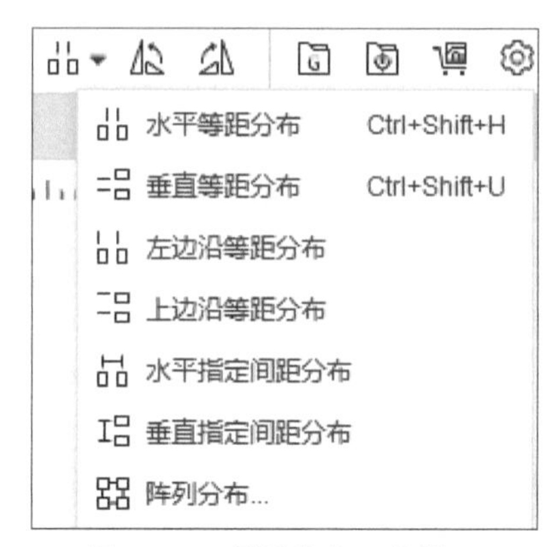

图 6-33 元件分布工具栏

（4）元件的旋转。单击选中待旋转的元件，然后单击菜单栏中的 或 按钮，即可实现元件的左向旋转或右向旋转。也可选中元件，按空格键实现旋转。注意，PCB 封装不可以镜像操作。

在 GD32E230 核心板原理图的“OLED 模块接口电路”中，编号为 H1 的座子是用于连接 OLED 显示模块的，所以在 PCB 中设计 4 个定位孔用于固定 OLED 显示模块，以及绘制模块的轮廓丝印，如图 6-34 所示。这 4 个定位孔的半径为 50mil，左上角定位孔的圆心坐标为（964.3mil，1809.1mil），右上角定位孔的圆心坐标为（1987.7mil，1809.1mil），左下角定位孔的圆心坐标为（964.3mil，707.1mil），右下角定位孔的圆心坐标为（1987.7mil，707.1mil），读者可以自行选择是否在电路板上设计这 4 个定位孔。

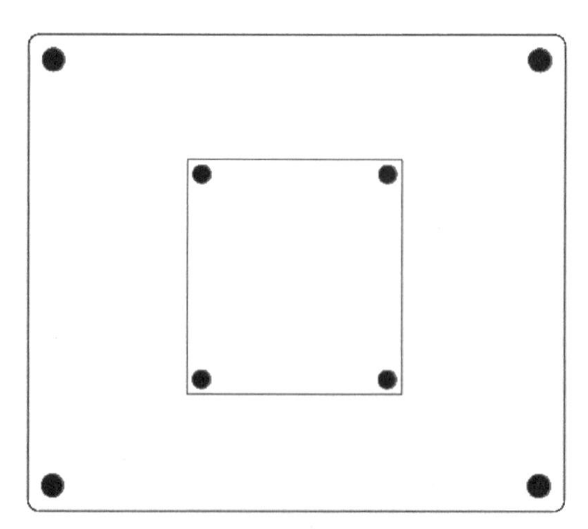

图 6-34 固定 OLED 显示模块的定位孔

单击菜单栏中的 ／ 按钮，在“顶层丝印”层绘制 OLED 显示模块的矩形轮廓丝印，线宽为 5mil，根据如图 6-35 所示的属性来确认轮廓丝印的位置。

轮廓对象 选中数量 1

图层 过滤 属性

▲ 属性

类型	线条	
图层	顶层丝印	
宽	5	mil
长度	4881.9	mil
锁定	否	
ID	e44	

▲ 矩形轮廓

起点X	970.8	mil
起点Y	1964.8	mil
宽	1181.1	mil
高	1259.8	mil
角度	0	

图 6-35 OLED 显示模块轮廓丝印属性

GD32E230 核心板布局完成后的效果图如图 6-36 所示，其中元件 H1 的坐标为（1475mil，1780mil）。图 6-37 是隐藏飞线后的布局效果图。注意，对于初学者，建议第一次布局时严格参照 GD32E230 核心板实物进行布局，完成第一块电路板的 PCB 设计后，再尝试自行布局。

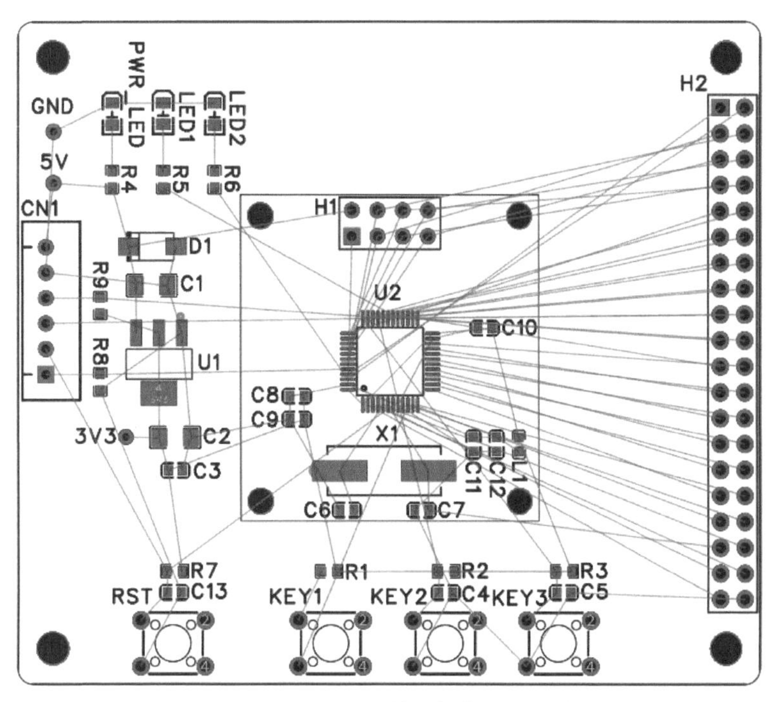

图 6-36 GD32E230 核心板布局完成效果图

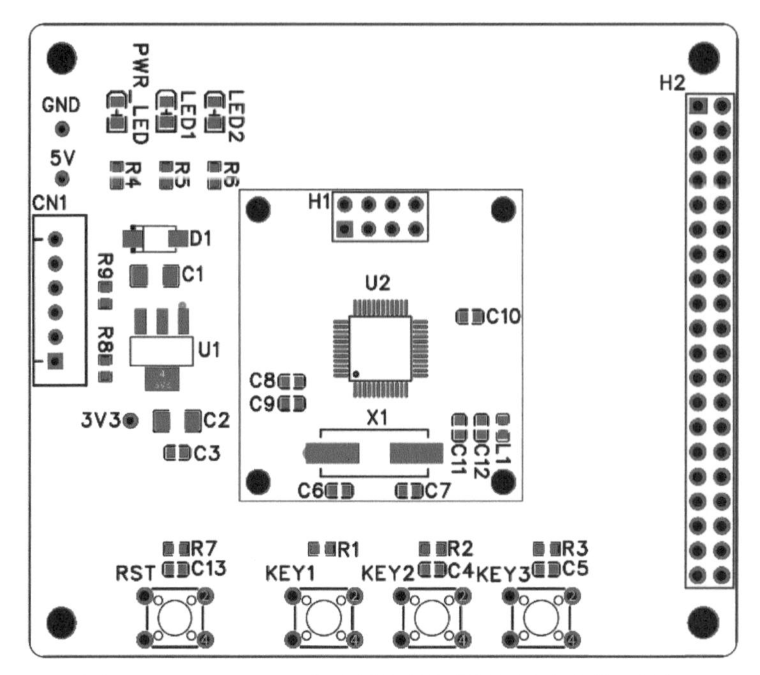

图 6-37　GD32E230 核心板布局完成效果图（隐藏飞线）

6.9　元件的布线

6.9.1　布线基本操作

（1）飞线。飞线是基于相同网络产生的，当两个焊盘的网络相同时，将出现飞线，表示这两个焊盘可以通过导线连接。隐藏所有飞线的操作是执行菜单栏命令“视图”→“飞线”→“隐藏全部”；显示所有飞线的操作是执行菜单栏命令“视图”→“飞线”→“显示全部”；还可以隐藏单个器件的飞线，单击选中元件，执行菜单栏命令“视图”→“飞线”→“隐藏所选”，所选元件的飞线会单独隐藏，如图 6-38 所示。

图 6-38　飞线

（2）选择布线工具。单击菜单栏中的 按钮，或按快捷键 W，或双击焊盘即可进入布线模式。在画布上单击，开始绘制，再次单击，确认布线；按 Esc 键取消该段网络布线，再次按 Esc 键退出布线模式。注意，布线时要选择正确的层，选择顶层或底层布线。

（3）修改导线属性。首先单击选择待修改属性的一段导线，然后在“属性”面板中修改即可，如图 6-39 所示。

图 6-39 修改导线属性

（4）切换布线活动层。切换布线活动层通过过孔实现，过孔也称为金属化孔，在双层板和多层板中，为连通各层之间的导线，需在各层需要连通的导线的交汇处钻一个公共孔，即过孔。在顶层绘制一段导线，单击确认布线，然后按 B 键，可以自动添加过孔，单击放置过孔，系统会自动切换到底层继续布线。由底层切换至顶层可按 T 键。绘制一段导线，按 V 键也可以添加过孔和切换布线活动层。注意，系统默认过孔盖油。

（5）拉伸导线。单击选择一段导线，拖动可以拉伸导线，也可以按快捷键 Shift+W，然后拉伸导线。

（6）布线模式。布线模式有“推挤”“环绕”“阻挡”和“忽略”4 种，如图 6-40 所示。在布线时，通常开启“阻挡”模式，导线遇到其他导线时会被阻挡，这样可以保证布线遵守设计规则和布线美观。在“推挤”模式下，在布线时可以推挤其他导线到其他位置；在“环绕”模式下，当布线遇到阻碍时，会自动绕过阻碍的元素进行布线；在“忽略”模式下，布线会忽略布线规则，不建议开启该模式。

（7）布线拐角。在布线过程中，按 L 键可以切换布线拐角。布线拐角有 6 种，通常使用“线条 45”，如图 6-41 所示。按空格键可以切换拐角的方向。

图 6-40 布线模式

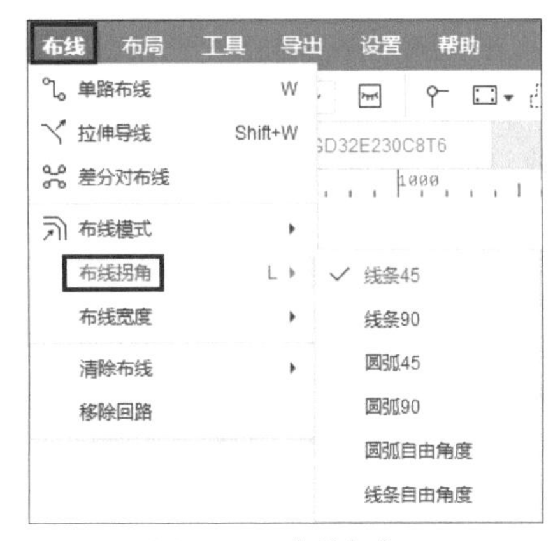

图 6-41 布线拐角

（8）布线宽度。布线宽度选择“跟随规则”，如图 6-42 所示，这样布线时导线的默认宽度为在设计规则中已设置好的宽度。但在布线过程中，也可以按 Tab 键修改线宽。

（9）清除布线。清除布线有“连接”“网络”和“全部”3 种，如图 6-43 所示。将同一个焊盘的导线清除，使用“连接”方式，先选择需要清除的导线，然后执行菜单栏命令“布线”→“清除布线”→“连接”，或单击右键，在右键快捷菜单中执行同样的命令。将同一个网络的导线清除，使用“网络”方式，操作方法与“连接”一样。将 PCB 中绘制的导线全部清除，使用“全部”方式，不需要先选择导线，直接执行命令即可。

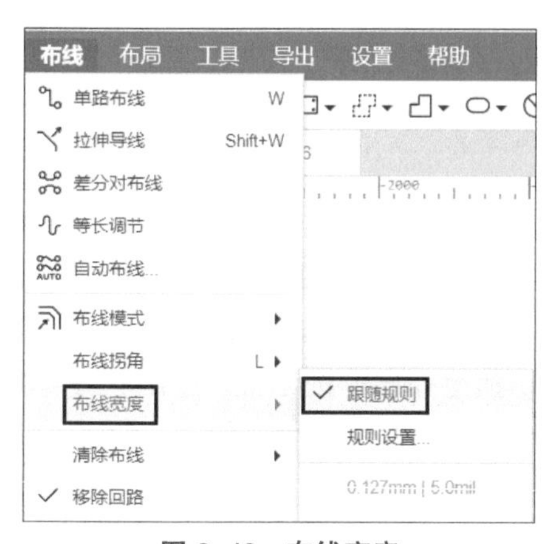

图 6-42　布线宽度

图 6-43　清除布线

（10）删除导线。单击选中导线，按 Delete 键即可删除导线。

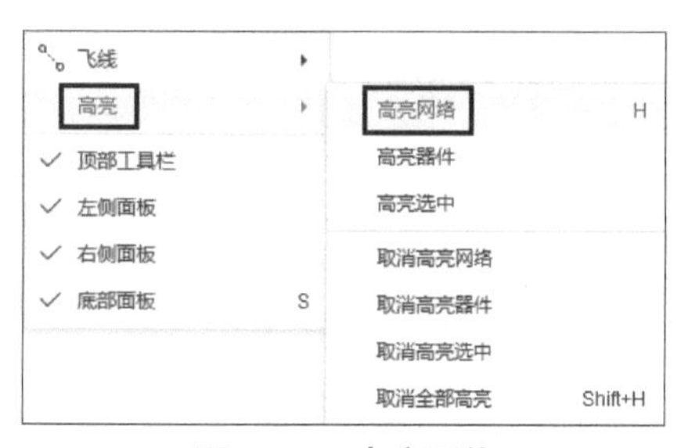

图 6-44　高亮网络

（11）高亮。可以对器件和网络进行高亮选择。高亮网络的操作步骤为单击选中焊盘或导线，执行菜单栏命令“视图”→“高亮”→“高亮网络”，如图 6-44 所示；或者单击选中焊盘或导线，然后右键单击，选择“高亮”→“高亮网络”；还可以按 H 键来显示高亮，该方法可以在 PCB 中选中并高亮所有相同网络的焊盘或导线。

取消高亮与高亮网络的步骤类似，执行菜单栏命令“视图”→“高亮”→“取消全部高亮”；或右键单击，选择“高亮”→“取消全部高亮”；还可以按快捷键 Shift+H 来实现。

高亮器件的操作除了通过执行菜单栏命令或右键快捷菜单命令，还可以通过双击“元件”面板中的器件来实现，如图 6-45 所示。

（12）布线吸附。在布线过程中，要打开“吸附”功能，如图 6-46 所示，这样布线时光标会自动吸附在焊盘的中心、过孔中心和线条的中心点等。单击 ⚙ 按钮，可以查看吸附对象，如图 6-47 所示。

图 6-45 高亮器件

图 6-46 吸附

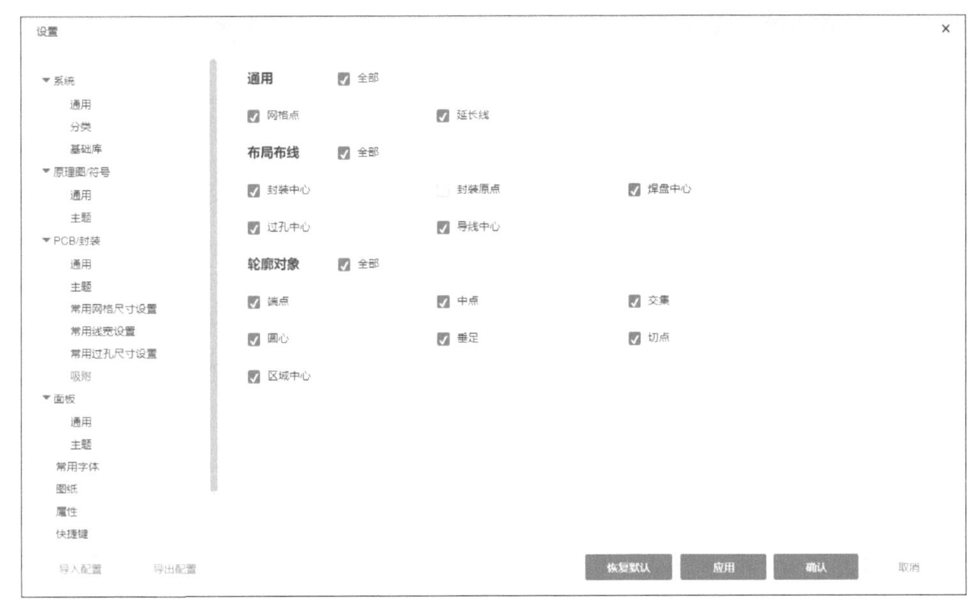

图 6-47 吸附对象

6.9.2 布线注意事项

布线时应注意以下事项。

（1）电源主干线原则上要加粗（尤其是电路板的电源输入 / 输出线）。对于 GD32E230 核心板，电源线有 5V、3.3V 和 VDDA 电源线。建议将 GD32E230 核心板的电源线的线宽设计为 30mil。

从严格意义上讲，导线上能够承载的电流大小取决于线宽、线厚及容许温升。在 25℃时，对于铜厚为 35μm 的导线，10mil（0.25mm）线宽能够承载 0.65A 电流，40mil（1mm）线宽能够承载 2.3A 电流，80mil（2mm）线宽能够承载 4A 电流。温度越高，导线能够承载的电流越小。因此保守考虑，在实际布线中，如果导线上需要承载 0.25A 电流，则应将线宽设置为 10mil；如果需要承载 1A 电流，则应将线宽设置为 40mil，如果需要承载 2A 电流，则应将线宽设置为 80mil，依次类推。

在 PCB 设计和打样中，常用 OZ（盎司）作为铜皮厚度（简称铜厚）的单位，1OZ 铜厚表示 1 平方英寸面积内铜箔的重量为 1 盎司，对应的物理厚度为 35μm。PCB 打样厂使用最多的板材规格为 1OZ 铜厚。

（2）PCB 布线不要距离定位孔和电路板边框太近，以防止在进行 PCB 钻孔加工时，导线断裂。

（3）禁止 90° 拐角布线（见图 6-48），避免布线时出现锐角（见图 6-49），要以 45° 角走线，形成钝角。因为 90° 拐角和锐角布线会产生信号完整性问题。此外，布线时尽可能遵守一层水平布线，另一层垂直布线的原则。

图 6-48　90°拐角布线

图 6-49　锐角布线

6.9.3　GD32E230 核心板分步布线

布局合理，布线就会变得顺畅。如果是第一次布线，建议读者按照下面的步骤进行操作，熟练掌握后方可按照自己的思路尝试布线。实践证明，每多布一次线，布线水平就会有所提升，尤其是前几次尤为明显。由此可见，掌握 PCB 设计的诀窍很简单，就是反复多练。GD32E230 核心板的布线可分为以下六步。

第一步：完成 GD32E230 核心板左侧电路模块布线，即“通信－下载模块接口电路”“电源转换电路（5V 转 3.3V）”和“LED 电路”的布线，如图 6-50 所示。注意，电源线和地线的线宽为 30mil。

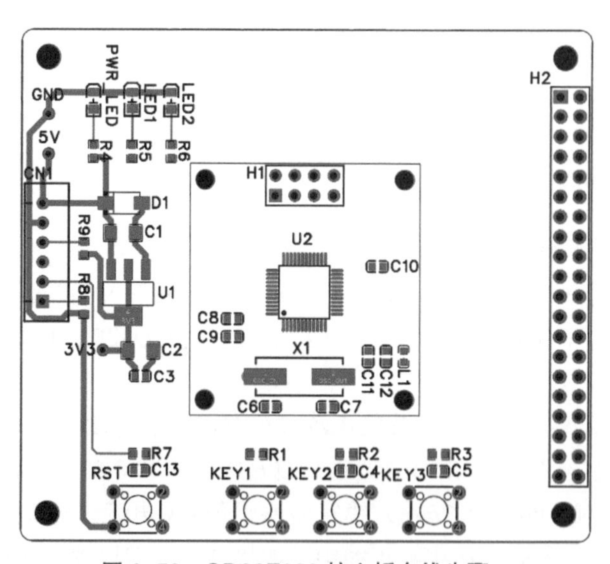

图 6-50　GD32E230 核心板布线步骤 1

第二步：将芯片上排和右排的引脚引出到排针的布线如图 6-51 所示，先将最简单的部分完成。

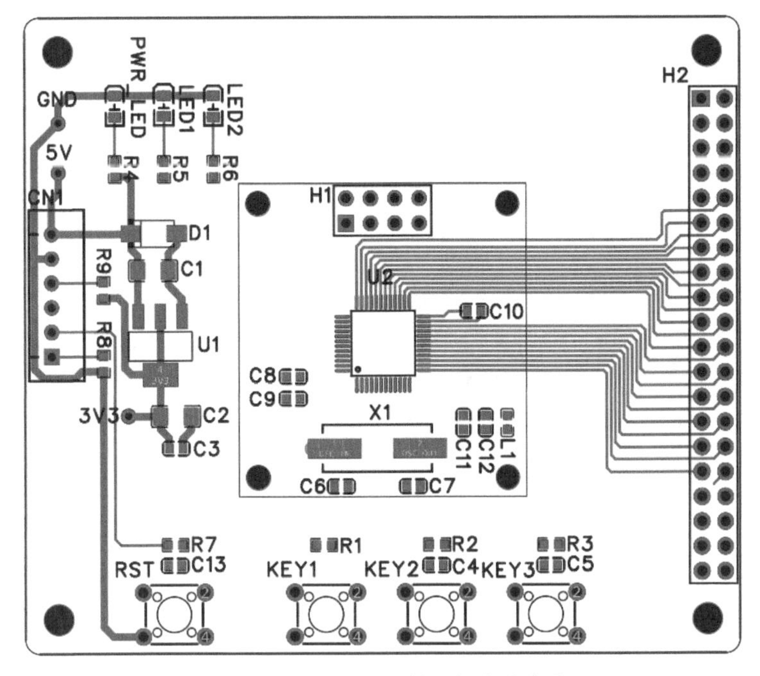

图 6-51 GD32E230 核心板布线步骤 2

第三步：将芯片左排的引脚引出到排针的布线如图 6-52 所示。其中有 6 根信号线也连接到“OLED 显示屏接口电路”，底层布线，从 H1 底座的焊盘中引出导线，然后通过过孔连接到顶层导线。

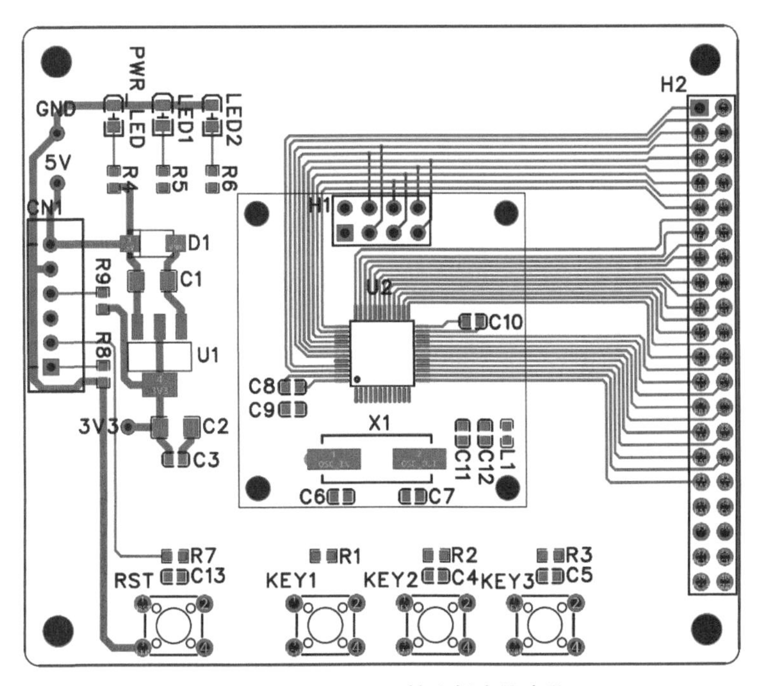

图 6-52 GD32E230 核心板布线步骤 3

第四步：完成将芯片的引脚引出到排针的布线，如图 6-53 所示。

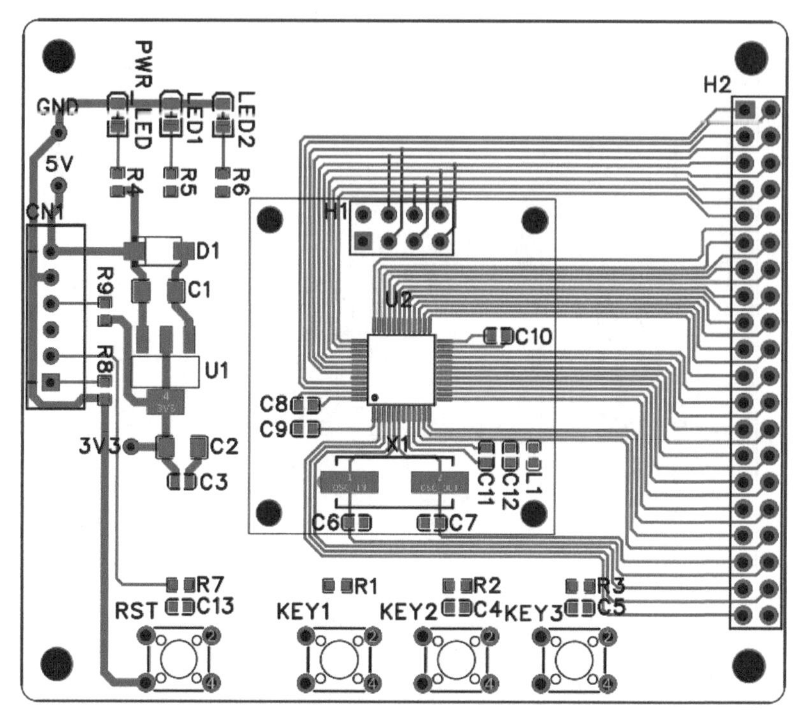

图 6-53 GD32E230 核心板布线步骤 4

第五步：完成“复位按键”和“独立按键电路”的布线，如图 6-54 所示。

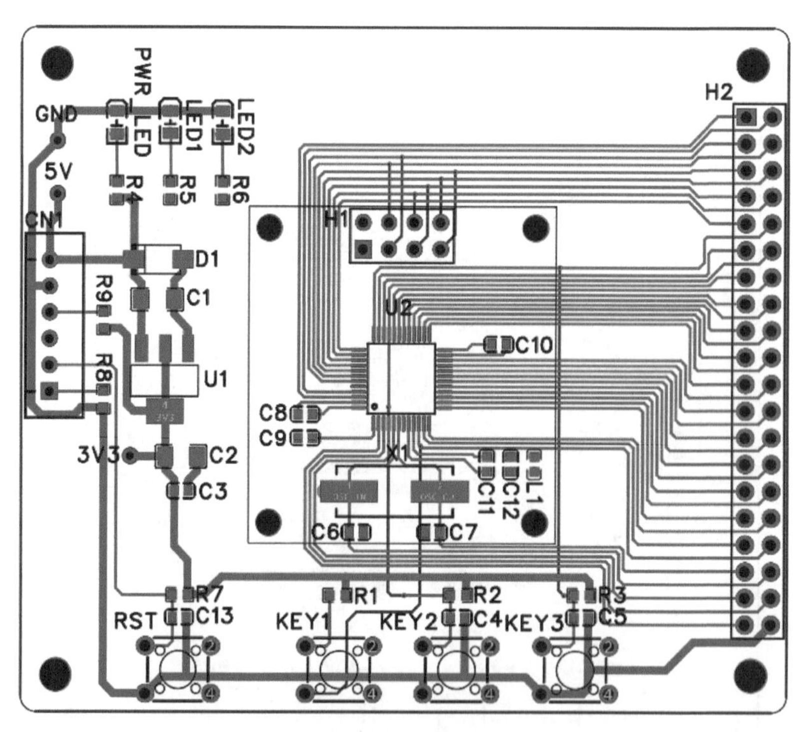

图 6-54 GD32E230 核心板布线步骤 5

第六步：将剩余的信号线、电源线和地线连接起来，如图 6-55 所示，最终完成 GD32E230 核心板布线。

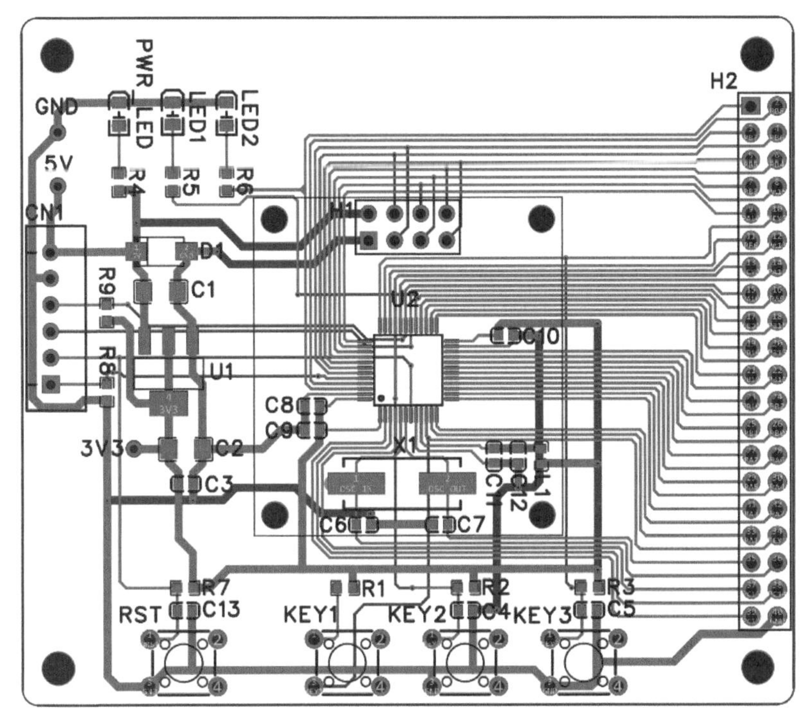

图 6-55 GD32E230 核心板布线步骤 6

6.10 丝印

丝印是指印刷在电路板表面的图案和文字，丝印字符布置原则是“不出歧义，见缝插针，美观大方”。添加丝印就是在 PCB 的上下表面印刷上所需要的图案和文字等，主要是为了方便电路板的焊接、调试、安装和维修等。

6.10.1 修改字体类型

下面介绍如何批量修改元件位号丝印的字体类型。单击选中一个元件位号丝印，然后单击右键，在右键快捷菜单中选择“查找”命令，如图 6-56 所示。

图 6-56 修改字体类型步骤 1

在弹出的“查找”对话框中，如图 6-57 所示，选择查找对象为“元件属性”，然后单击“查找全部”按钮，可以看到所有元件的位号丝印都被选中了。

在“属性”面板中，设置“线宽”为 8mil，“高度”为 70mil，如图 6-58 所示。

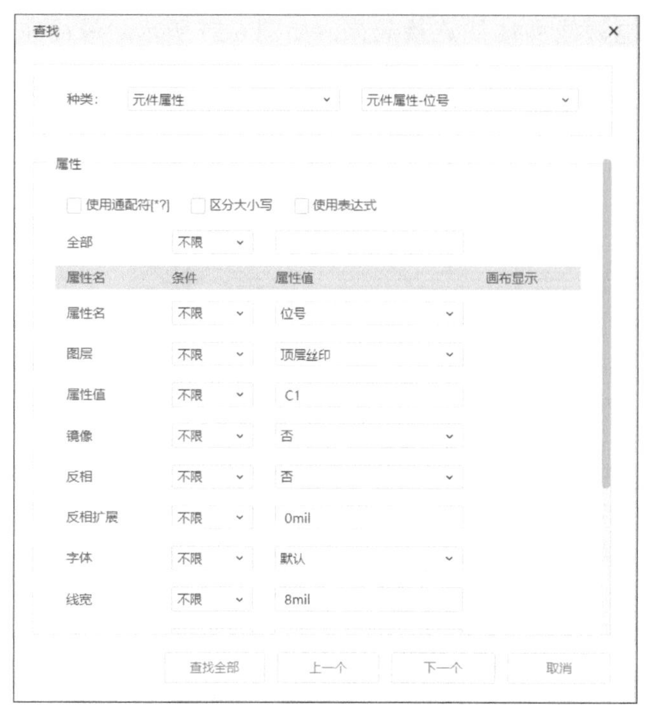

图 6-57　修改字体类型步骤 2

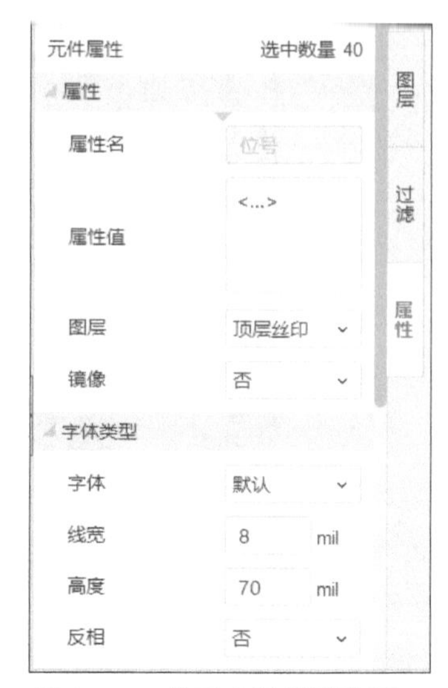

图 6-58　修改字体类型步骤 3

元件位号丝印的字体类型已经完成修改，但还需要调整位号丝印的位置，使位号丝印摆放得整齐美观，2D 效果图如图 6-59 所示。

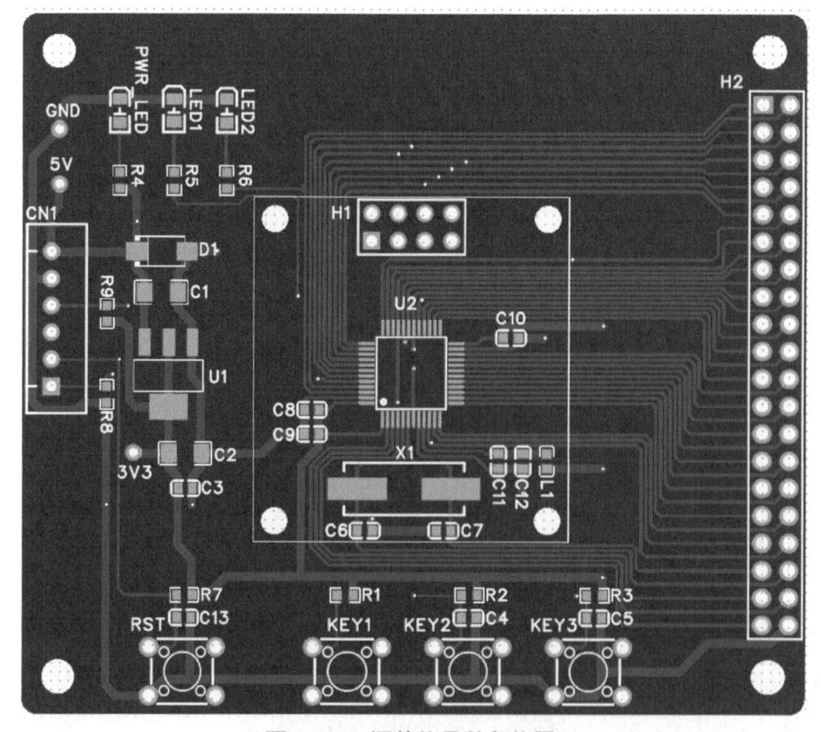

图 6-59　调整位号丝印位置

6.10.2 添加丝印

本节详细介绍如何在顶层丝印层添加丝印，底层丝印层与顶层丝印层的添加步骤是一样的，不再重复描述。

在“图层”面板中选择“3 顶层丝印”，如图 6-60 所示。

单击菜单栏中的 T 按钮，在弹出的“放置文本”文本框中输入要添加的丝印文本，如图 6-61 所示，例如输入 GND，然后单击“确认”按钮。

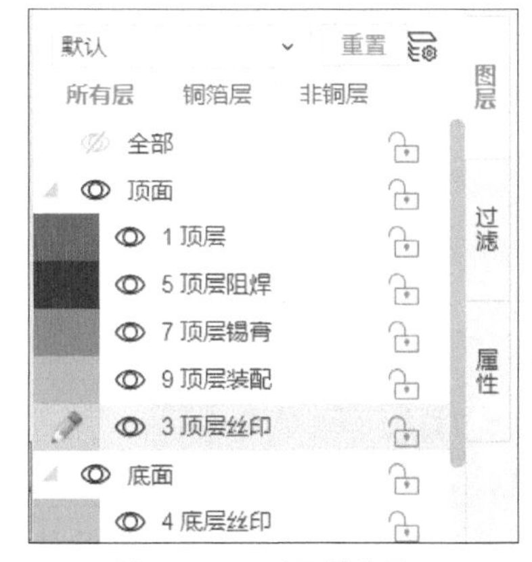

图 6-60 顶层丝印层

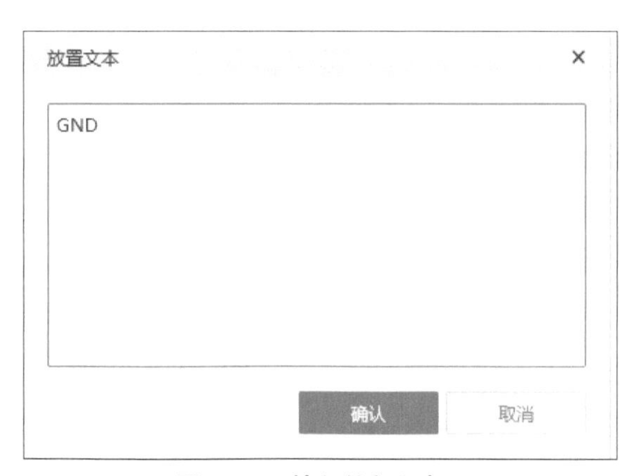

图 6-61 输入丝印文本

这时光标处的 TEXT 文本变成了 GND，单击放置在 PCB 板相应的位置上，单击选中丝印 GND，在“属性”面板中可以修改文本的线宽、高度，如图 6-62 所示，设置丝印文本的“线宽”为 8mil，“高度”为 70mil。

图 6-62 修改丝印文本属性

丝印的摆放方向应遵守“从左到右，从上到下”的原则。即如果丝印是横排的，则首字母须位于左侧，如图 6-63 所示；如果丝印是竖排的，则首字母须位于上方，如图 6-64 所示。还可以为引脚名称丝印绘制线框，单击菜单栏中的 ⁄ 按钮绘制线框，这样使得丝印看起来更整齐美观。

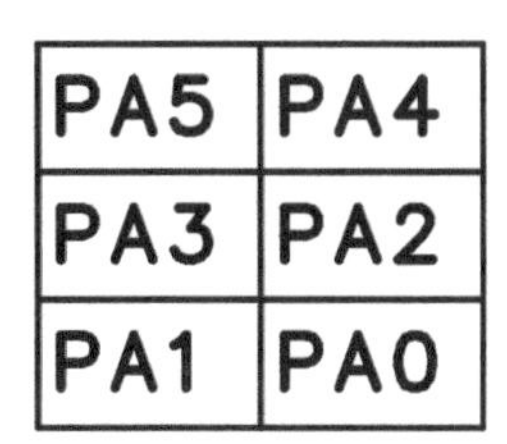

图 6-63　横排丝印

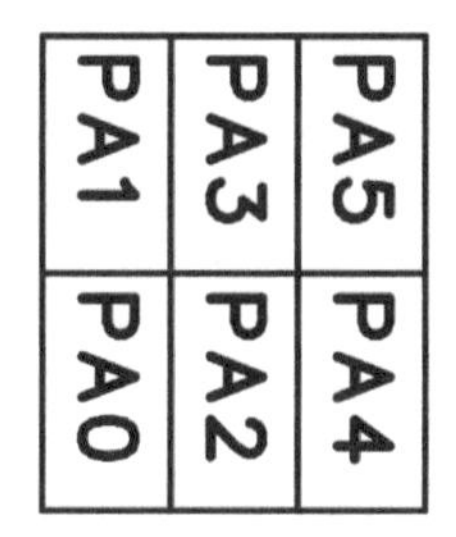

图 6-64　竖排丝印

GD32E230 核心板的丝印 2D 效果图如图 6-65 所示。

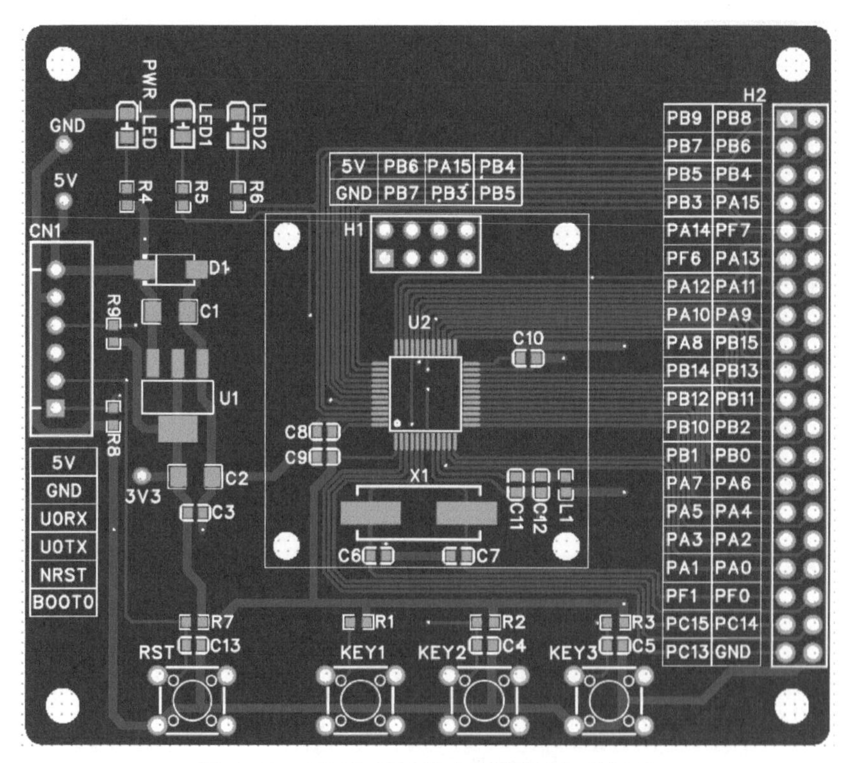

图 6-65　GD32E230 核心板丝印 2D 效果图

为了便于产品管理，可在电路板上添加电路板名称、版本信息等。下面介绍如何添加上述信息。

单击菜单栏中的 T 按钮，在顶层丝印层放置“GD32E230 核心板”，然后设置文本属性：字体为宋体，高度为 110mil；再放置“GD32E230C8T6-V1.0.0-20210809”文本，线宽为 8mil，高度为 70mil，如图 6-66 所示。

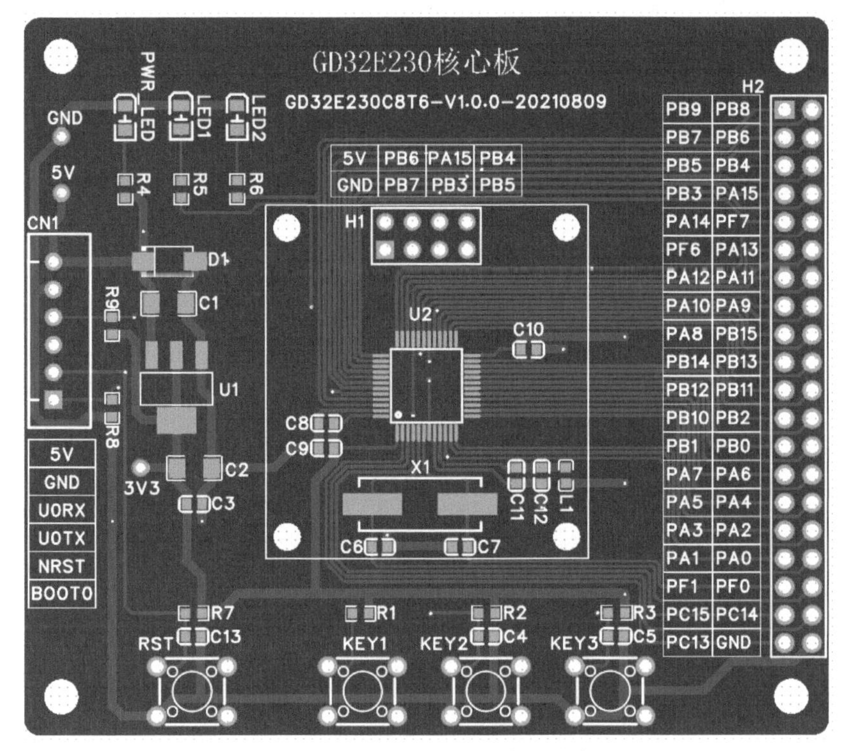

图 6-66 电路板名称和版本信息

6.11 泪滴

在电路板设计过程中，常常需要在导线和焊盘或过孔的连接处补泪滴，这样做有两个好处:（1）当电路板受到巨大外力的冲撞时，避免导线与焊盘、或导线与导线发生断裂；（2）在 PCB 生产过程中，避免由蚀刻不均或过孔偏位导致裂缝。下面介绍如何添加和删除泪滴。

6.11.1 添加泪滴

执行菜单栏命令“工具”→“泪滴”，如图 6-67 所示。

在“泪滴”对话框中，“操作类型”选择“新增”，“范围”选择“全部”，然后单击“确认”按钮即可添加泪滴，如图 6-68 所示。

执行完上述操作后，可以看到电路板上的焊盘与导线的连接处增加了泪滴，如图 6-69 所示。

图 6-67 选择“泪滴”命令

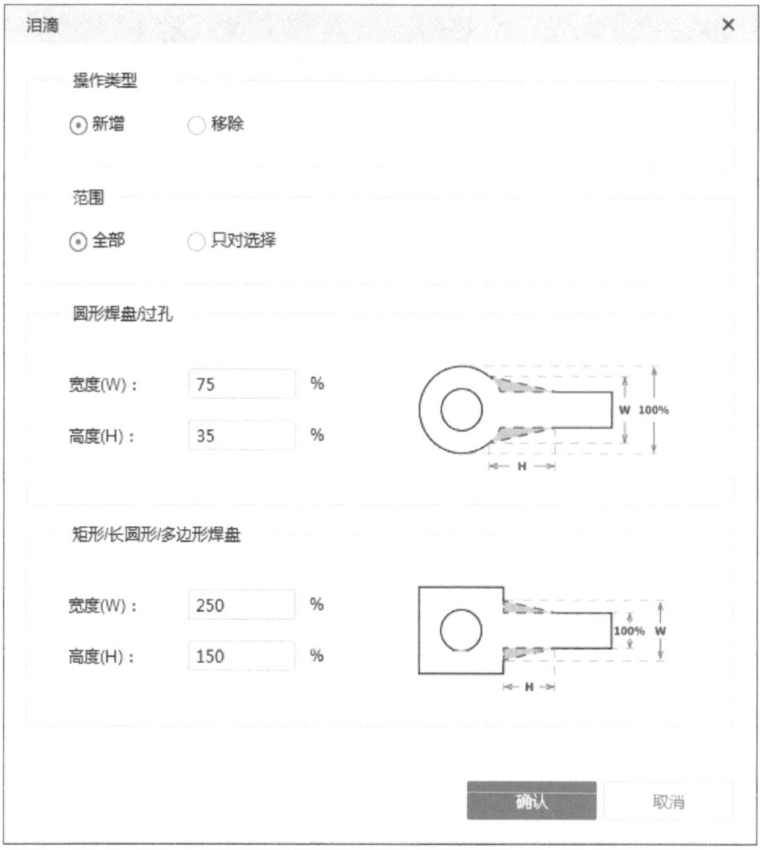

泪滴
操作类型
新增
移除
范围
全部
只对选择
圆形焊盘/过孔
宽度(W)：
75
%
高度(H)：
35
%
W 100%
H
矩形/长圆形/多边形焊盘
宽度(W)：
250
%
高度(H)：
150
%
100% W
H
确认
取消

图 6-68　新增泪滴

5V
2
5V
4
PB6
6
PA15
8
PB4
GND
1
GND
3
PB7
5
PB3
7
PB5

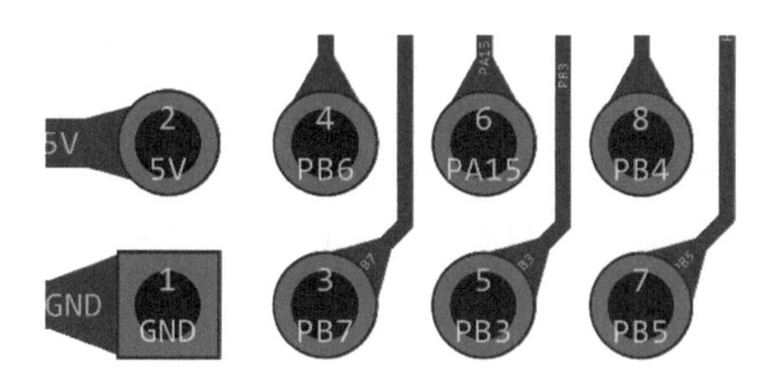

图 6-69　添加泪滴后的焊盘

6.11.2　移除泪滴

对电路重新布线时，有时需要先移除泪滴。在“泪滴”对话框中，“操作类型”选择“移除”，“范围”可根据实际情况选择，若只移除某部分泪滴，则需要先框选该部分电路，然后执行菜单栏命令“工具”→“泪滴”，最后单击“确认”按钮即可移除泪滴，如图 6-70 所示。

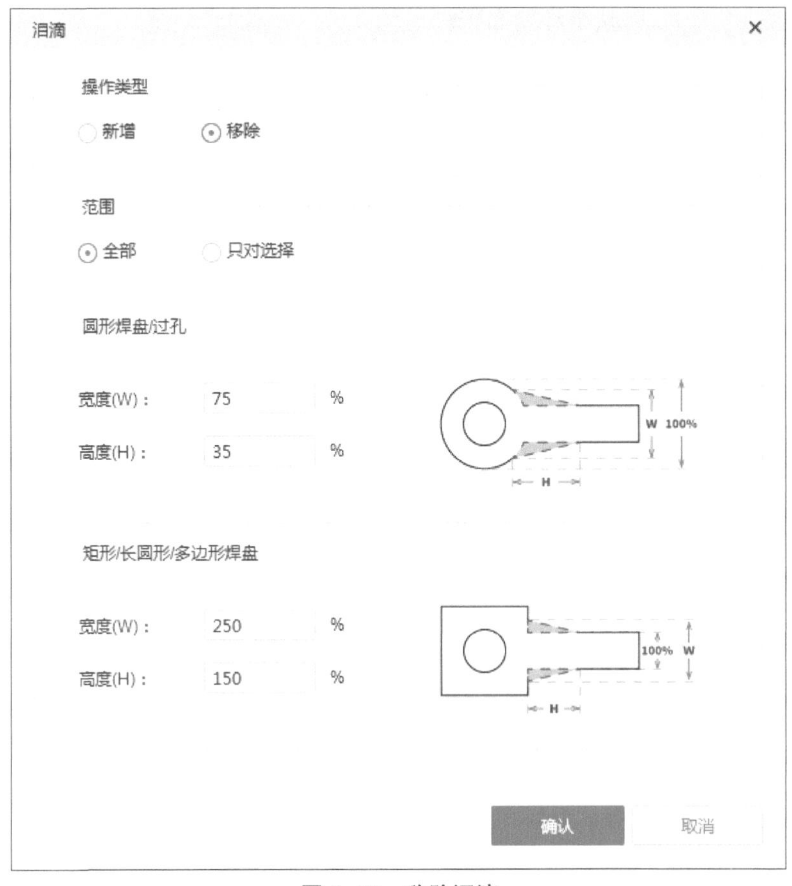

图 6-70 移除泪滴

执行完上述操作后，可以看到电路板上的焊盘与导线的连接处的泪滴被移除了，如图 6-71 所示。

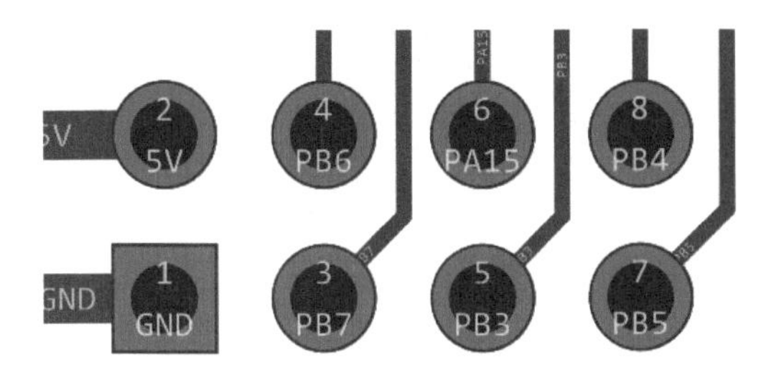

图 6-71 移除泪滴后的焊盘

6.12 铺铜

铺铜是指将电路板上没有布线的部分用固体铜填充，又称为灌铜，一般与电路的一个网络相连，多数情况是与 GND 网络相连。对大面积的 GND 或电源网络铺铜将起到屏蔽作用，可提高电路的抗干扰能力；此外，铺铜还可以提高电源效率，与地线相连的铺铜可

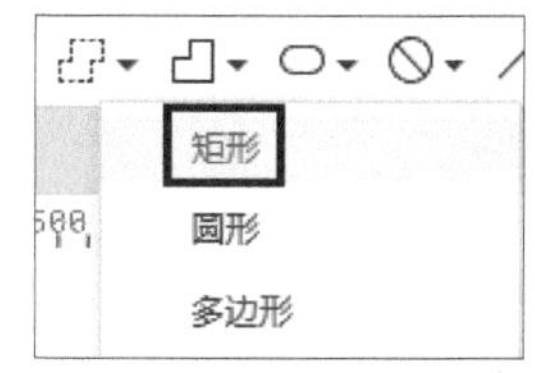

图 6-72 铺铜命令

以减小环路面积。

对于 GD32E230 核心板，将铺铜网络设置为 GND，首先在“图层”面板中选择“顶层”，然后在菜单栏中的 按钮的下拉菜单中，选择“矩形”命令，如图 6-72 所示。

在 PCB 板边框外部沿着边框绘制一个比边框略大的矩形框，在弹出的“轮廓对象”对话框中选择“网络”为 GND，然后单击“确认”按钮，如图 6-73 所示。

图 6-73 顶层铺铜设置

顶层铺铜效果图如图 6-74 所示。

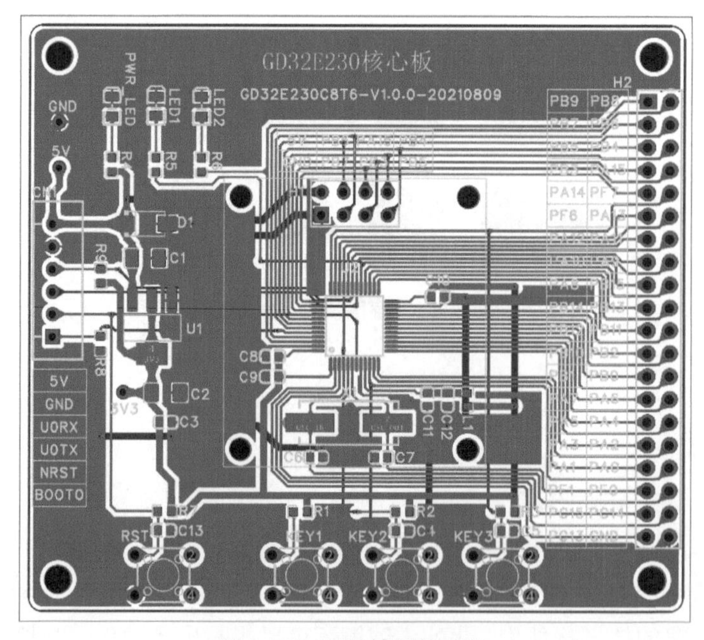

图 6-74 顶层铺铜效果图

完成顶层铺铜后，执行同样的操作，进行底层铺铜。底层铺铜效果图如图 6-75 所示。

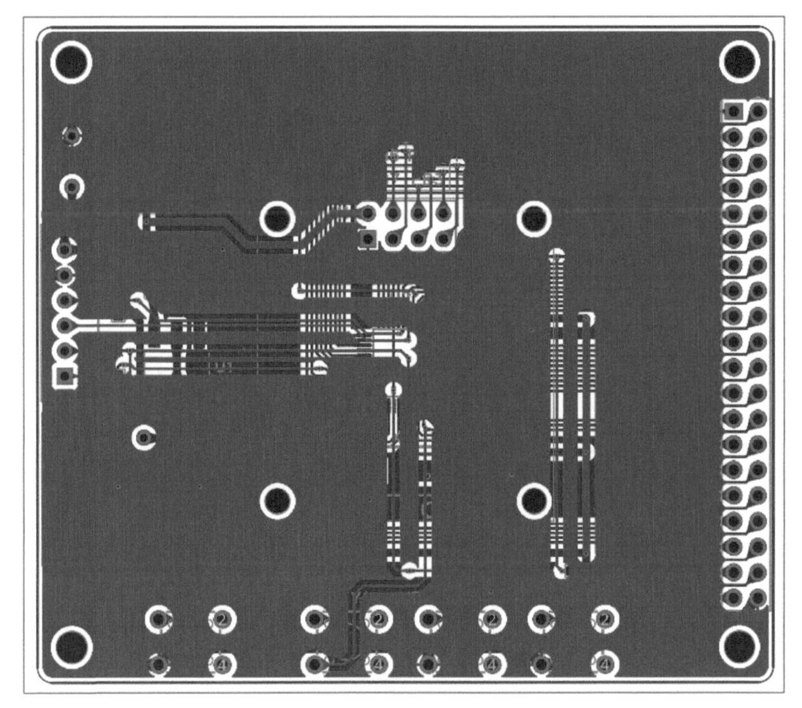

图 6-75 底层铺铜效果图

在顶层铺铜区域，可以看到有些区域没有被铜皮填充，解决的方法是：单击菜单栏中的 ⚲ 按钮，然后放置在没有被铜皮填充的大片区域，例如在 GD32E230 核心板的左下角区域，放置 3 个缝合地过孔，如图 6-76 所示，缝合地过孔的作用主要是对信号进行保护。同样，在其他区域也放置合适数量的缝合地过孔。注意，放置缝合地过孔之前，需要先铺铜，缝合地过孔连接的网络为 GND。

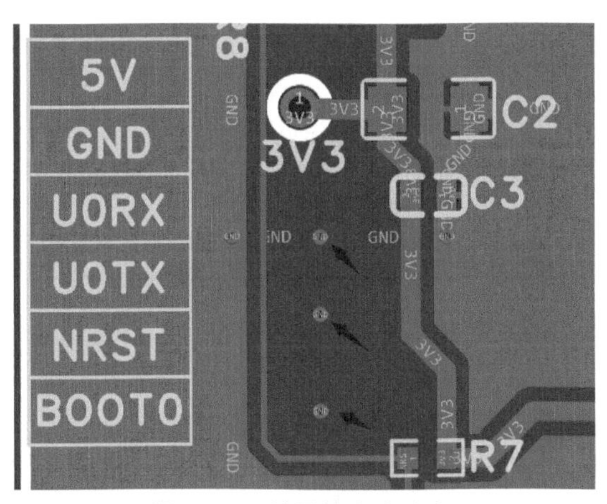

图 6-76 放置缝合地过孔

选中顶层铺铜线框，在“属性”面板中单击“重建铺铜区”按钮，如图 6-77 所示。然后，重建底层的铺铜区。重建铺铜区也可以按快捷键 Shift+B 完成。

图 6-77　铺铜属性

最终完成铺铜的效果图如图 6-78 所示。

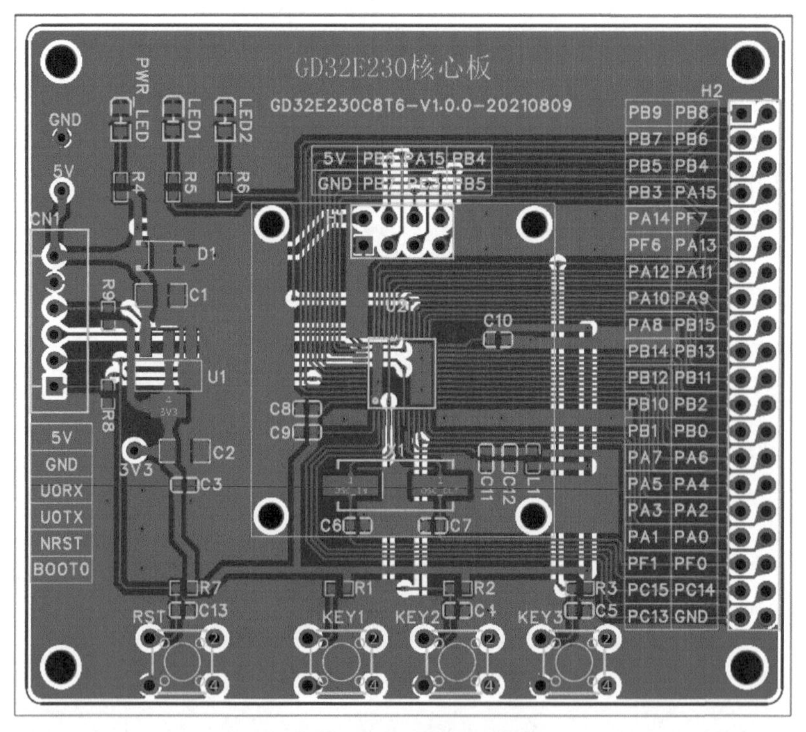

图 6-78　最终铺铜效果图

6.13 DRC 规则检查

DRC 规则检查是根据设计者设置的规则对 PCB 设计进行检查。执行菜单栏命令“设计”→“检查 DRC”，如图 6-79 所示。当检查到 PCB 有违反规则的地方时，错误信息会列举在 DRC 面板中，如图 6-80 所示。若 DRC 规则检查没有信息提示，则说明 DRC 检查通过。

图 6-79 DRC 规则检查

检查DRC 清除错误

全部 (5)
间距错误 (5)
导线 过孔 (2)
导线 导线 (3)

No.	显示	错误类型	错误对象	规则名称	对象1	对象2	解释
1		间距错误	导线 到 导线	Common	导线 (BOOT0): e411	导线 (PB7): e468	对象1到对象2距离为1.2mil，应该>= 8mil
2		间距错误	导线 到 导线	Common	导线 (BOOT0): e412	导线 (PB7): e468	对象1到对象2距离为1.2mil，应该>= 8mil
3		间距错误	导线 到 导线	Common	导线 (BOOT0): e411	导线 (PB7): e469	对象1到对象2距离为1.2mil，应该>= 8mil
4		间距错误	导线 到 过孔	Common	导线 (PB7): e468	过孔 (BOOT0): e410	对象1到对象2距离为0mil，应该>= 8mil
5		间距错误	导线 到 过孔	Common	导线 (PB7): e469	过孔 (BOOT0): e410	对象1到对象2距离为0mil，应该>= 8mil

元件库 日志 DRC 查找结果

图 6-80 DRC 规则检查结果

本章任务

完成本章的学习后，应能够参照 GD32E230 核心板实物，完成整个 GD32E230 核心板的 PCB 设计。

本章习题

1. 简述 PCB 设计的流程。
2. 泪滴的作用是什么？
3. 铺铜的作用是什么？

7　创建元件库

一名高效的硬件工程师通常会按照一定的标准和规范创建自己的元件库，这就相当于为自己量身打造了一款尖兵利器，这种统一和可重用的特点能够帮助工程师在进行硬件电路设计时提高效率。对于企业而言，建立属于自己的元件库更为重要，在元件库的制作及使用方面制定严格的规范，既可以约束和管理硬件工程师，又能加强产品硬件设计的规范，提升产品协同开发的效率。

可见，规范化的元件库对于硬件电路的设计开发非常重要。尽管立创 EDA（专业版）已经提供了丰富的元件库资源，但考虑到元件种类众多和个性化的设计需求，有必要建立自己专属的既精简又实用的元件库。鉴于此，本章将以 GD32E230 核心板所使用到的元件为例，重点介绍元件库的制作。

每个元件都有非常严格的标准，都与实际的某个品牌、型号一一对应，并且每个元件都有完整的元件信息（如名称、封装、编号、供应商、供应商编号、制造商、制造商料号等）。这种按照严格标准制作的元件库会让设计变得非常简单、可靠、高效。学习完本章后，读者可参照本书提供的标准，或对其进行简单的修改来制作自己的元件库。

学习目标：

- 掌握新建和编辑器件的方法。
- 掌握制作符号的方法。
- 掌握制作封装的方法。
- 学会查看元件的数据手册。

7.1　器件库

如 5.5 节所述，立创 EDA（专业版）的元件库包含器件库、符号库和封装库。本节首先介绍器件库。

器件库是一个包含了符号、封装、3D 模型和图片的库，器件库有系统的基础库、个人的器件库及团队的器件库。下面以线性稳压器 AMS1117-3.3 为例，介绍如何创建和编辑器件。AMS1117-3.3 芯片在立创商城上的具体信息如图 7-1 所示，单击“下载文件”按钮，下载 AMS1117-3.3 芯片的数据手册。

图 7-1　AMS1117-3.3

查询 AMS1117-3.3 芯片的数据手册，引脚信息如图 7-2 所示，AMS1117-3.3 的封装为 SOT-223，从数据手册中得到 SOT-223 封装的具体尺寸，如图 7-3 所示。

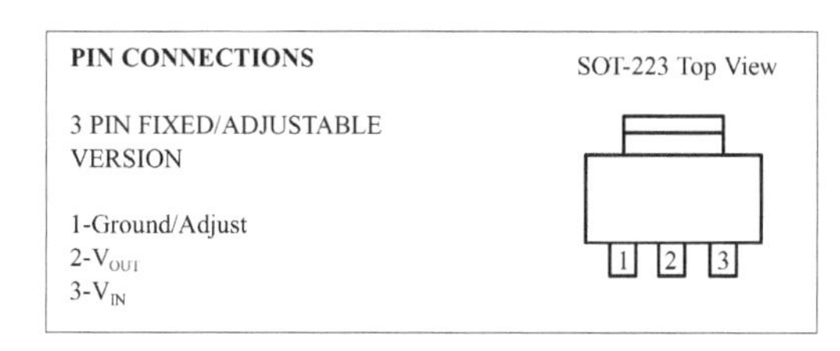

图 7-2　AMS1117-3.3 引脚信息

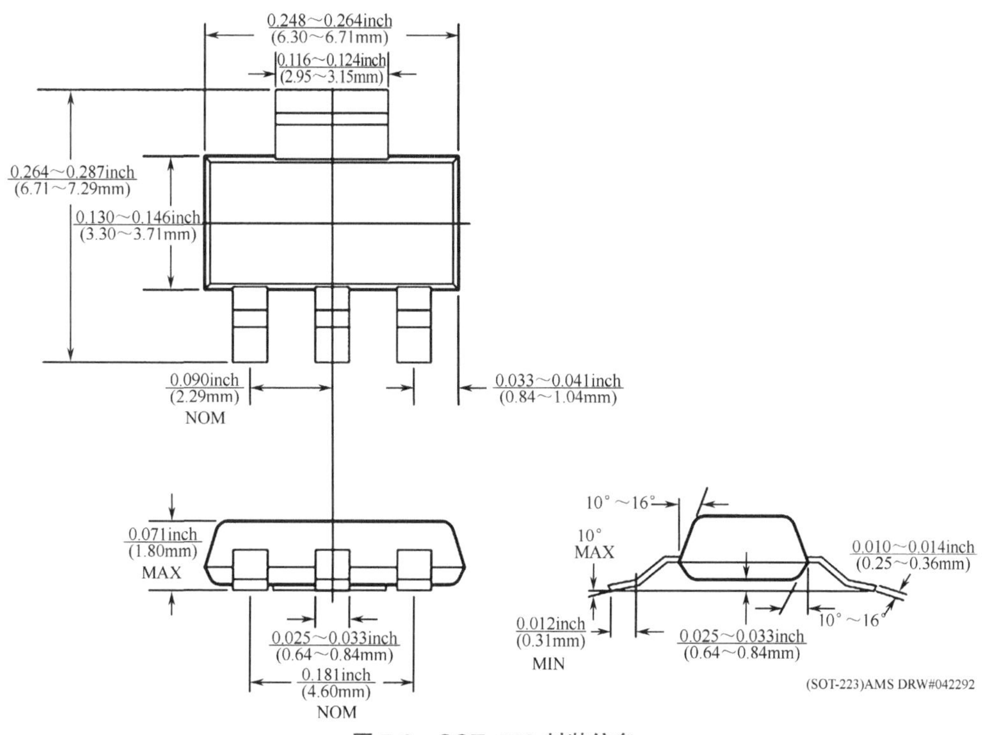

图 7-3　SOT-223 封装信息

7.1.1 新建器件

首先新建器件，执行菜单栏命令“文件”→“新建”→“器件”，如图 7-4 所示。

图 7-4　新建器件

然后在“新建 / 修改器件”对话框中，填写器件的归属和名称，如图 7-5 所示。

新建/修改器件
器件信息
归属 个人 Leyutek 创建团队
名称 AMS1117-3.3
符号 ... 新建符号
封装 ... 新建封装
3D模型 ... 新建3D模型
图片 ...
分类 ... 管理分类
描述

图 7-5　填写器件的归属和名称

在“新建 / 修改器件”对话框中，单击“符号”右侧的空白栏，弹出“添加 / 更新符号”对话框，如图 7-6 所示，在搜索栏中输入 AMS1117-3.3，从系统库中进行搜索，然后在搜索结果中进行筛选，单击 AMS1117-3.3，将在右侧的窗口中显示符号的形态，最后单击“确认”按钮。

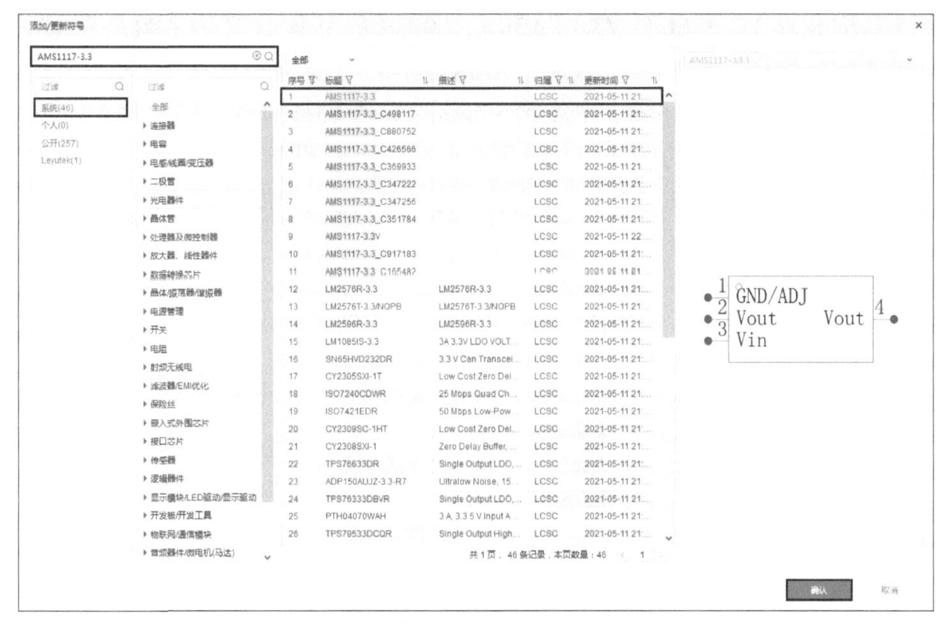

图 7-6 添加符号

在“新建 / 修改器件”对话框中，单击“封装”右侧的空白栏，弹出“封装管理器”对话框，如图 7-7 所示，在搜索栏中输入 SOT-223，从系统库中进行搜索，根据 SOT-223 封装信息，在搜索结果中筛选，单击选择封装 SOT-223-3_L6.5-W3.4-P2.30-LS7.0-BR，将在右侧的窗口中显示封装的形态，最后单击“更新”按钮。注意，选择封装时要非常慎重，选择的封装尺寸必须与元件数据手册中的封装尺寸进行对比，若所选的封装尺寸过大或过小，都会导致元件实物无法焊接在 PCB 上。

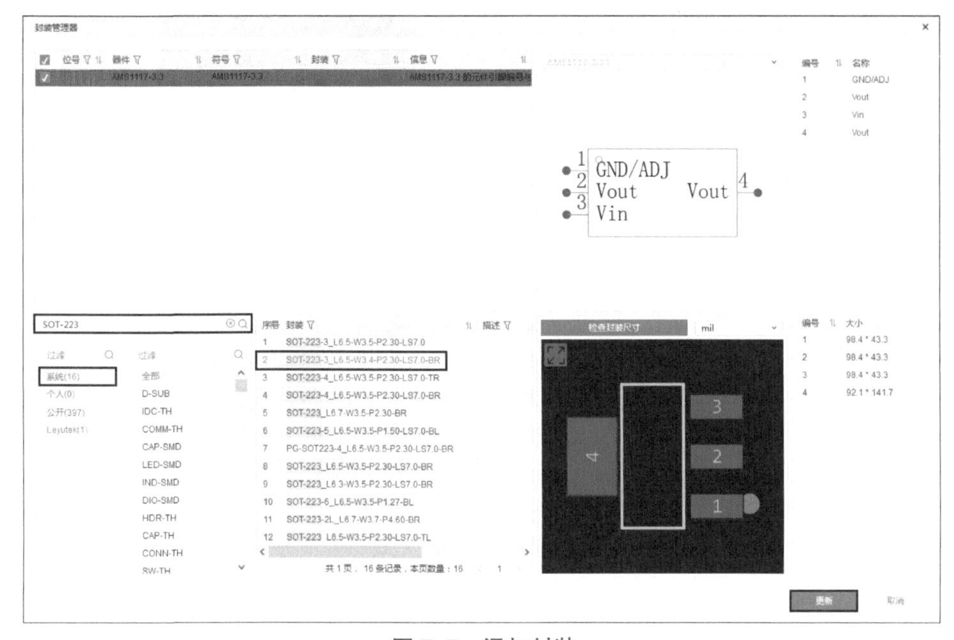

图 7-7 添加封装

封装名称 SOT-223-3_L6.5-W3.4-P2.30-LS7.0-BR 的具体含义为：封装类型为 SOT-223；器件的实际信号引脚数为 3（注意，AMS1117-3.3 的 4 号引脚与 2 号引脚连通，为同一个引脚）；器件长度为 6.5mm；宽度为 3.4mm；两个引脚的中心间距为 2.3mm；LS7.0 为封装左右两排引脚两端的跨距；BR 意为封装的 1 号引脚在原点的右下方，可结合图 7-8 来分析。更多关于立创 EDA（专业版）封装的命名规则，可以在网上搜索资料“立创 EDA 封装库命名参考规范”。

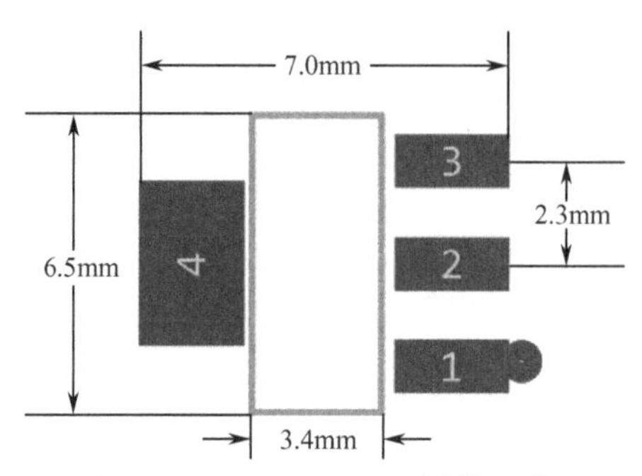

图 7-8　SOT-223-3 封装尺寸

在“新建 / 修改器件”对话框中，单击“3D 模型”右侧的空白栏，弹出“3D 模型”对话框，如图 7-9 所示，在搜索栏中输入 SOT-223，从系统库中进行搜索，并在搜索结果中筛选，单击选择 3D 模型 SOT-223-4P_L6.5-W3.5-H1.6-LS7.0-P2.30，将在右侧的窗口中显示 3D 模型。若 3D 模型的引脚与封装引脚不对应，可以通过右侧的“校准”面板进行调整，最后单击“更新”按钮。

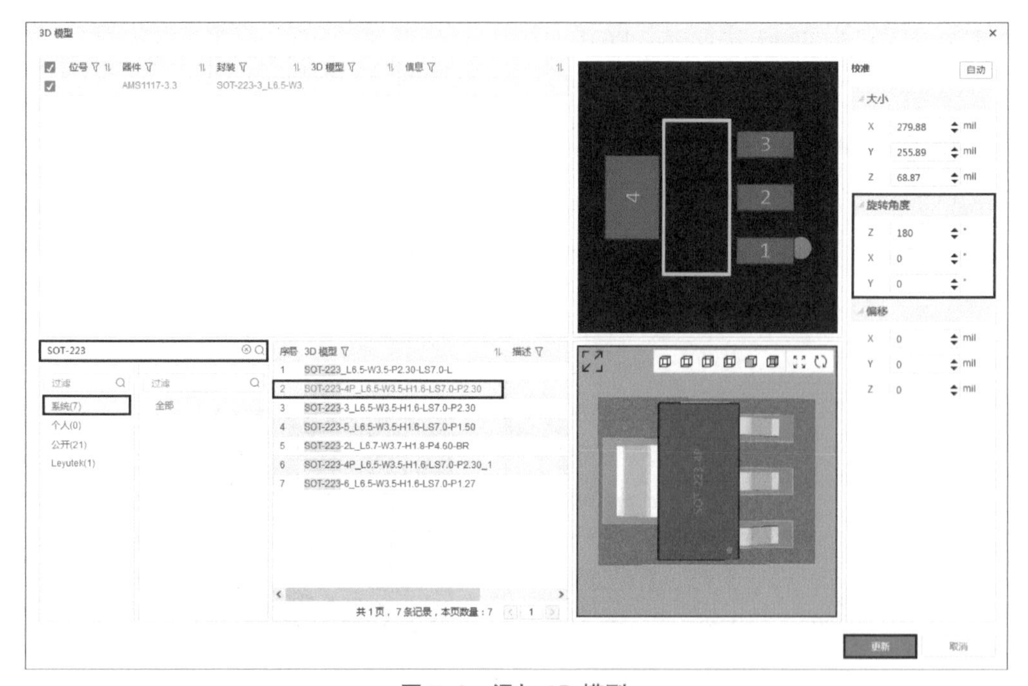

图 7-9　添加 3D 模型

在“新建 / 修改器件”对话框中，单击“图片”右侧的空白栏，弹出“上传图片”对话框，如图 7-10 所示，选择图片，然后单击“上传”按钮，待图片上传后，再单击“确认”按钮。注意，图片需提前保存在计算机中。

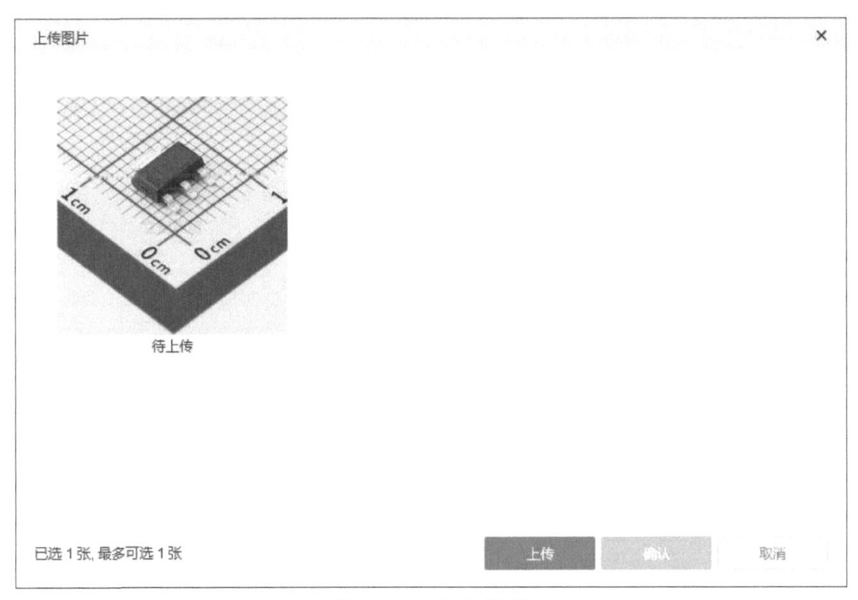

图 7–10　添加图片

在“新建 / 修改器件”对话框中，单击“分类”右侧的空白栏，弹出“分类”对话框，如图 7-11 所示，然后单击“管理分类”按钮。

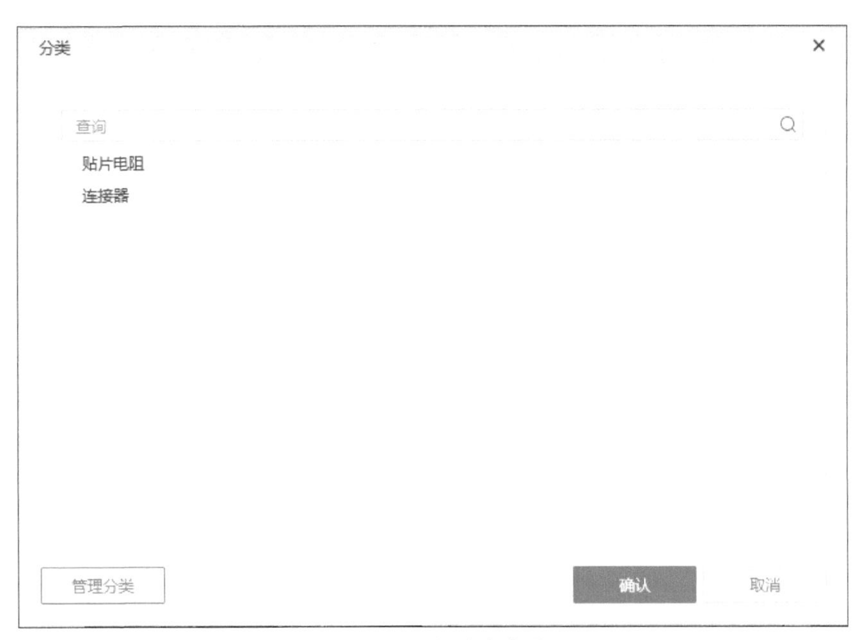

图 7–11　添加分类步骤 1

在弹出的“设置”对话框中，单击 + 按钮，新建分类“线性稳压器（LDO)”，如图 7-12 所示，然后单击“确认”按钮。

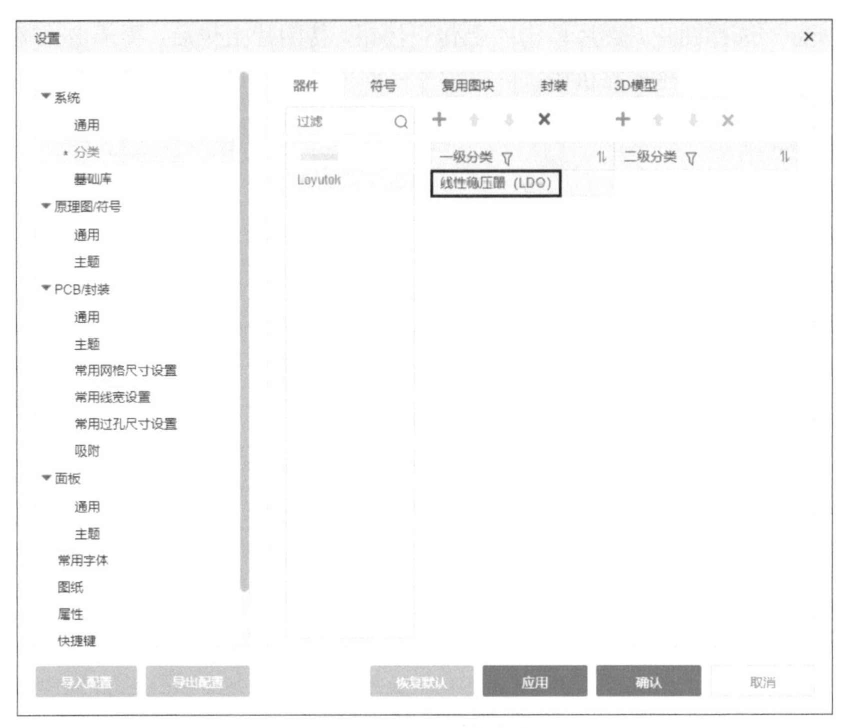

图 7–12 添加分类步骤 2

选择“线性稳压器（LDO)”，然后单击“确认”按钮，如图 7-13 所示。

图 7–13 添加分类步骤 3

在“描述”文本框中，可以根据实际需要添加器件描述，如图 7-14 所示。

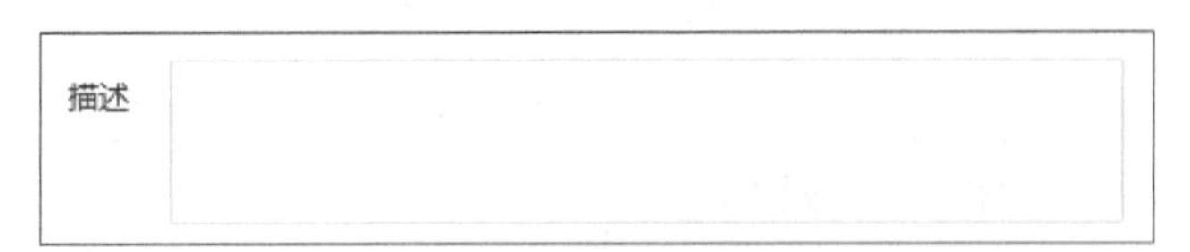

图 7–14 添加描述

在“属性”面板中，添加供应商、供应商编号等信息，如图 7-15 所示，属性信息从图 7-1 中获取。

图 7–15 添加属性

最后，单击“确认”按钮，完成新建器件，如图 7-16 所示。

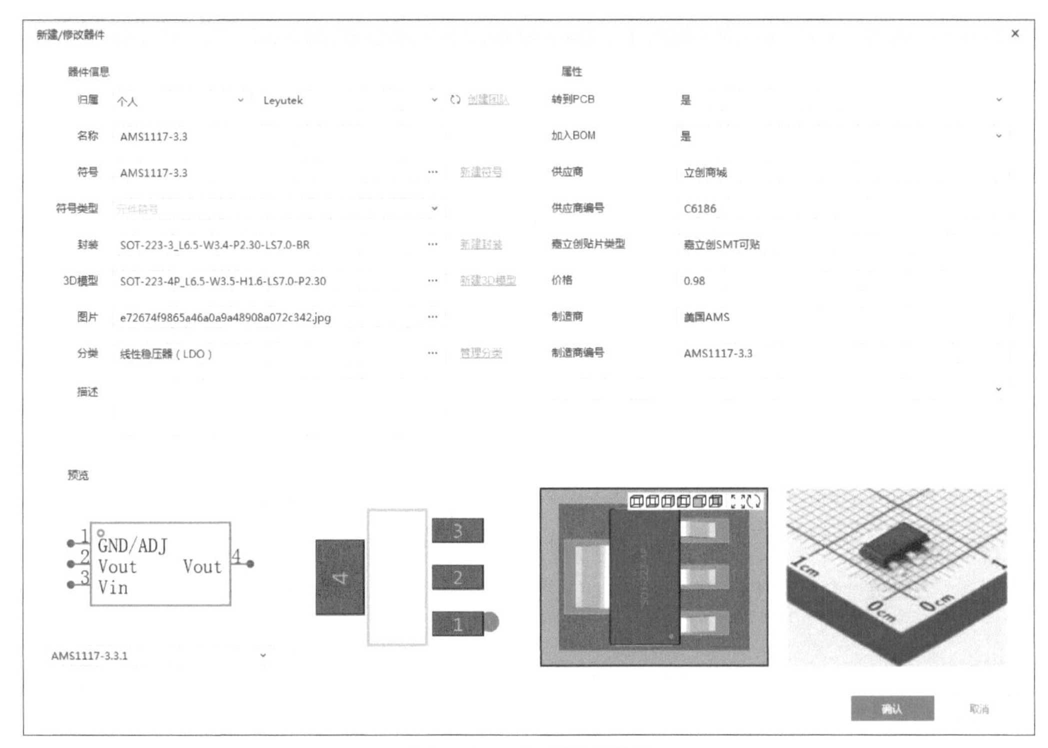

图 7–16 完成新建器件

在器件所归属的库中，查看新建的器件，如图 7-17 所示，在 Leyutek 库中搜索 AMS1117-3.3，即可看到新建的器件。注意，以上步骤中新建器件 AMS1117-3.3 所使用的符号和封装都是系统库中的，当读者学会如何新建符号和封装之后，也可以使用自己制作的符号和封装。

序号	器件	封装	符号	供应商编号	制造商	立创商城库存	立创商城价格	嘉立创库存	嘉立创价格
1	AMS1117-3.3	SOT-223-3_L6.5-W...	AMS1117-3.3	C6186	美国AMS	24375	0.9997	14	1

图 7-17　查看新建的器件

7.1.2　编辑器件

下面介绍如何对新建的器件进行编辑修改。例如在 Leyutek 团队库中，选中器件 AMS1117-3.3，然后右键单击，在右键快捷菜单中选择“编辑器件”命令，如图 7-18 所示。注意，在器件库中，不可以对系统库和公开库中的器件进行编辑修改。

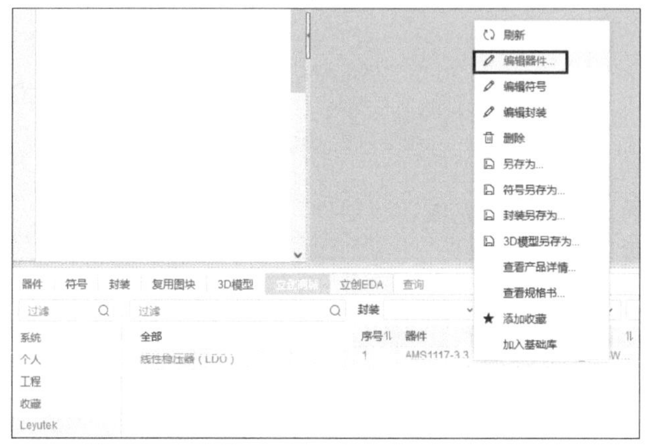

图 7-18　编辑器件步骤 1

系统弹出与新建器件时一样的“新建 / 修改器件”对话框，如图 7-19 所示，将需要修改的内容编辑完成后，单击“确认”按钮，例如将 AMS1117-3.3 重命名为 AMS1117-3.3V。

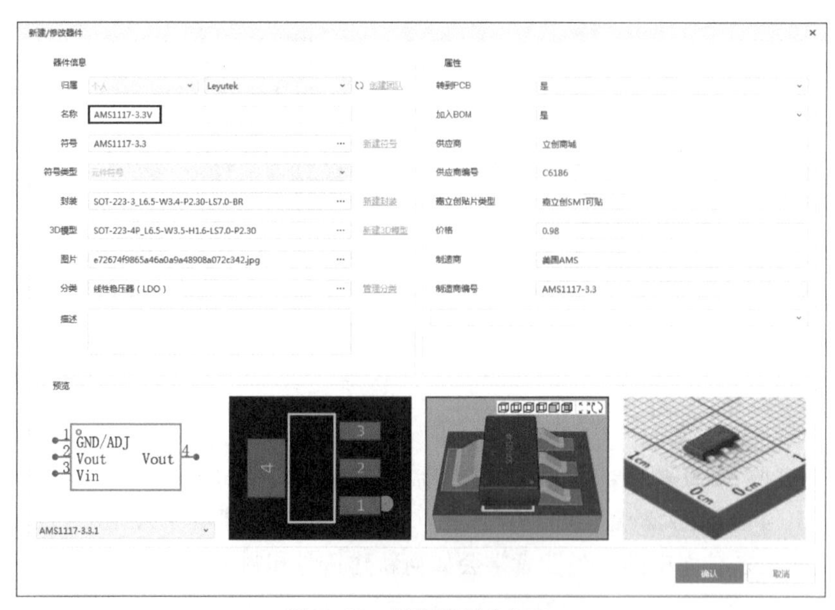

图 7-19　编辑器件步骤 2

最后在“元件库”面板中单击“刷新”按钮，如图 7-20 所示，新编辑的内容才会更新。

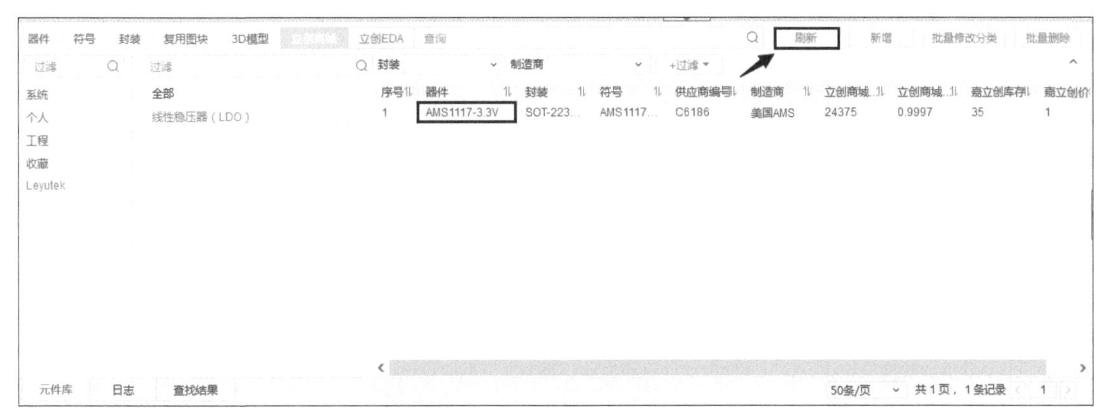

图 7–20 编辑器件步骤 3

7.2 符号库

原理图符号库由一系列元件的图形符号组成。立创 EDA（专业版）已经提供了大量的原理图符号，可以基于软件提供的符号库来建立个人的符号库，也可以用新建的符号来建立符号库。

7.2.1 新建符号

1. 新建符号

下面以电阻符号为例，介绍如何新建符号。执行菜单栏命令“文件”→“新建”→“符号”，如图 7-21 所示。

图 7–21 新建符号步骤 1

在“新建符号”对话框中输入“标题”并选择“分类”，也可以根据需求添加相关描述，然后单击“保存”按钮，如图 7-22 所示。

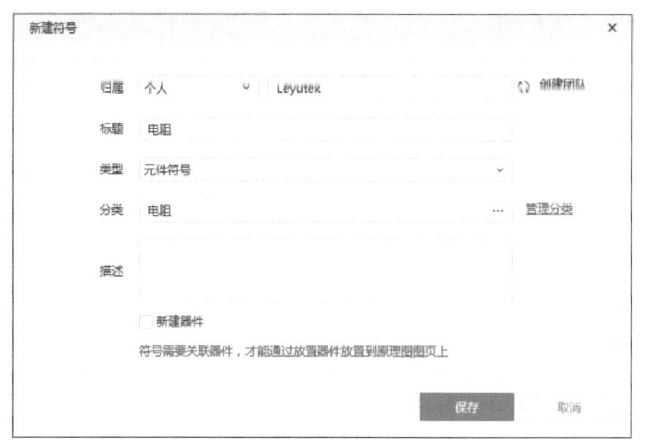

图 7-22　新建符号步骤 2

2. 绘制符号

在符号设计环境中，首先在菜单栏中设置网格尺寸为 0.05inch，然后单击 ⁄ 按钮，绘制如图 7-23 所示的电阻符号的边框图形，绘制完成后单击右键，再按 Esc 键退出命令。

单击菜单栏中的 ⊸ 按钮，放置电阻原理图符号的引脚，如图 7-24 所示，注意引脚的端点要朝外，因为它是作为连接导线的连接点，放置引脚时，按空格键可以旋转引脚方向。

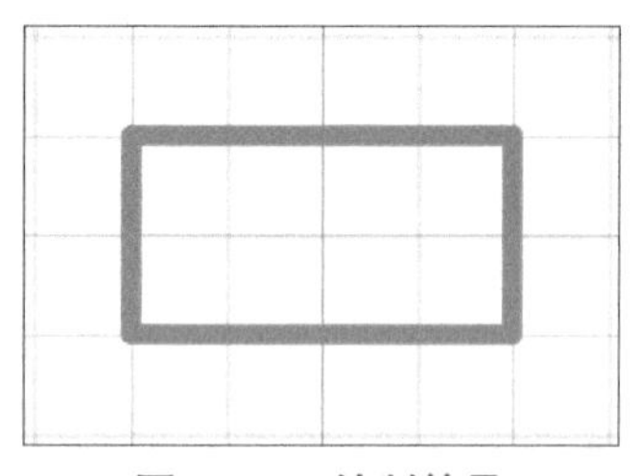

图 7-23　绘制符号

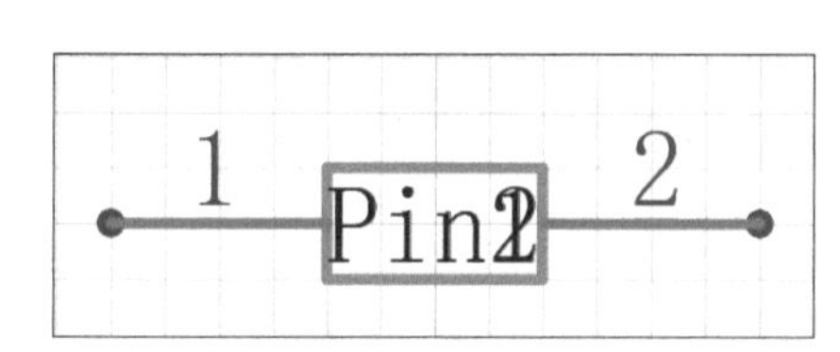

图 7-24　放置引脚

单击选中 1 号引脚，在“属性”面板中设置引脚属性，如图 7-25 所示，“引脚名”为 1，并且取消勾选使引脚名不显示；同样取消勾选“引脚编号”使其不显示；“长度”为 0.1inch。

以同样的方法编辑引脚 2 的属性，最后电阻符号外形如图 7-26 所示。

图 7-25　设置引脚属性

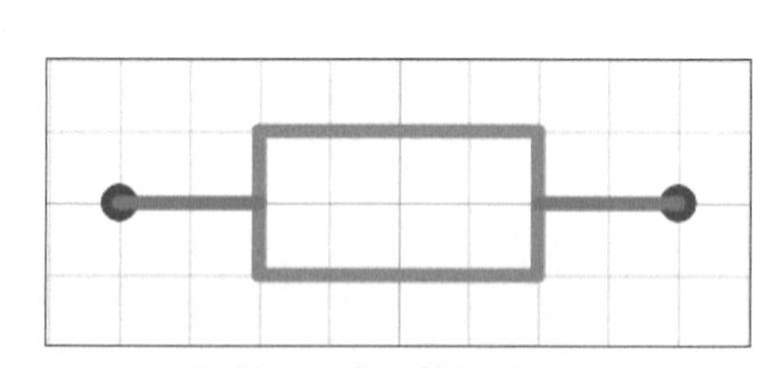

图 7-26　电阻符号外形

3. 设置符号属性

在符号设计环境左侧的“属性”面板中设置“位号”为“R？”，如图 7-27 所示，勾选“位号”使位号显示在画布中，调整位号的位置如图 7-28 所示。至此电阻的符号已经制作完成，保存符号，随后可在符号所归属的库中找到该符号。

图 7-27 设置符号属性

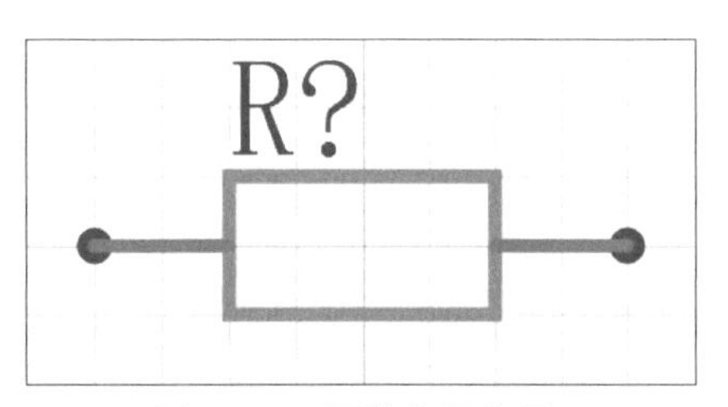

图 7-28 调整位号位置

7.2.2 符号向导

本节以 GD32E230C8T6 芯片为例，介绍如何使用符号向导快速创建符号。GD32E230C8T6 芯片的符号如图 7-29 所示。

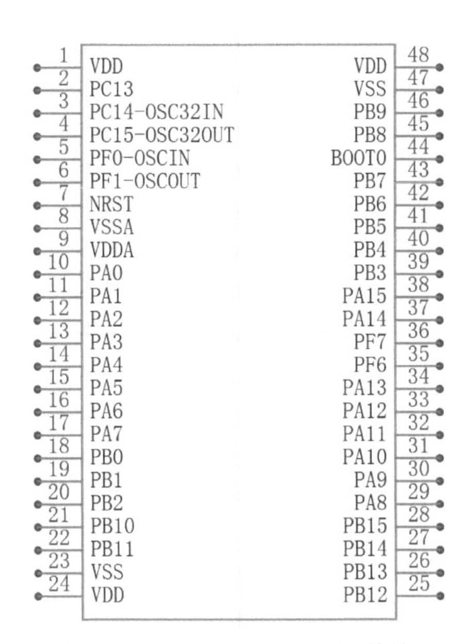

图 7-29 GD32E230C8T6 芯片符号

新建符号如图 7-30 所示，在“新建符号”对话框中输入“标题”为 GD32E230C8T6。

在符号设计环境右侧的“向导”面板中选择“类型”为“DIP”，“原点”为“中间”，左右两边的引脚数都为 24，设置“引脚间距”为 0.1inch，“引脚长度”为 0.2inch，“引脚编号方向”为“逆时针圆”，如图 7-31 所示，然后单击“生成符号”按钮。

生成的符号如图 7-32 所示，还需设置引脚的具体名称。

新建符号
归属 个人 Leyutek 创建团队
标题 GD32E230C8T6
类型 元件符号
分类 管理分类
描述
新建器件
符号需要关联器件，才能通过放置器件放置到原理图图页上
保存 取消

图 7–30　新建符号

图 7–31　符号向导

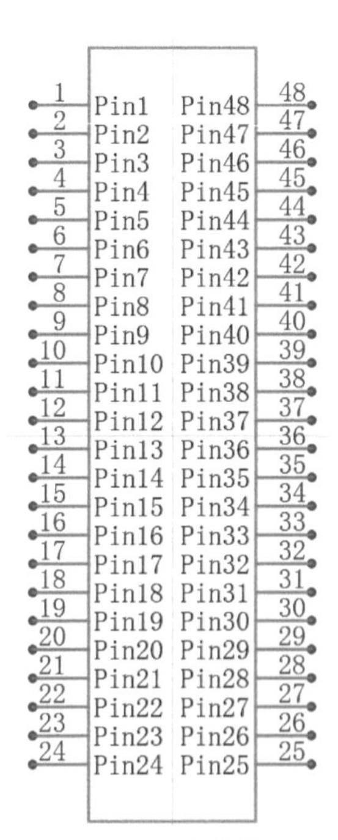

图 7–32　生成符号

查看 GD32E230C8T6 芯片数据手册中的引脚信息，如图 7-33 所示为 GD32E230C8T6 芯片的部分引脚信息。

在“引脚”面板中，根据数据手册的引脚信息，按顺序输入引脚名称，如图 7-34 所示。

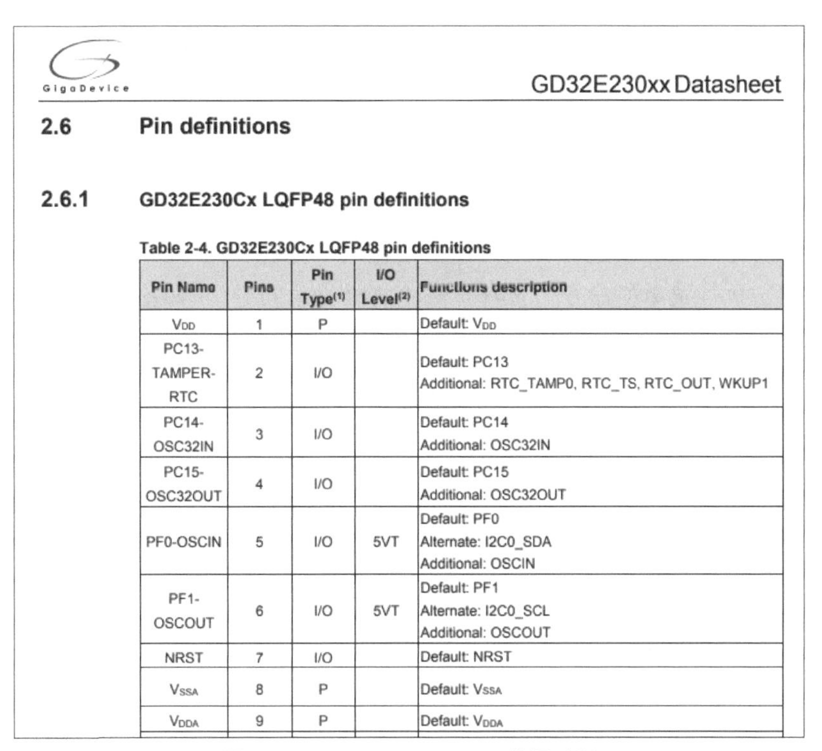

GigaDevice

GD32E230xx Datasheet

2.6 Pin definitions

2.6.1 GD32E230Cx LQFP48 pin definitions

Table 2-4. GD32E230Cx LQFP48 pin definitions

Pin Name	Pins	Pin Type(1)	I/O Level(2)	Functions description
V_{DD}	1	P		Default: V_{DD}
PC13-TAMPER-RTC	2	I/O		Default: PC13 Additional: RTC_TAMP0, RTC_TS, RTC_OUT, WKUP1
PC14-OSC32IN	3	I/O		Default: PC14 Additional: OSC32IN
PC15-OSC32OUT	4	I/O		Default: PC15 Additional: OSC32OUT
PF0-OSCIN	5	I/O	5VT	Default: PF0 Alternate: I2C0_SDA Additional: OSCIN
PF1-OSCOUT	6	I/O	5VT	Default: PF1 Alternate: I2C0_SCL Additional: OSCOUT
NRST	7	I/O		Default: NRST
V_{SSA}	8	P		Default: V_{SSA}
V_{DDA}	9	P		Default: V_{DDA}

图 7–33　GD32E230C8T6 数据手册

GD32E230C8T6.1

属性　部件　引脚　向导　器件

编号	名称	类型	方向	低有效	部件
1	VDD	输入	左边	否	GD32E230C8T6.1
2	PC13	输入	左边	否	GD32E230C8T6.1
3	PC14-OSC32IN	输入	左边	否	GD32E230C8T6.1
4	PC15-OSC32O...	输入	左边	否	GD32E230C8T6.1
5	PF0-OSCIN	输入	左边	否	GD32E230C8T6.1
6	PF1-OSCOUT	输入	左边	否	GD32E230C8T6.1
7	NRST	输入	左边	否	GD32E230C8T6.1
8	VSSA	输入	左边	否	GD32E230C8T6.1
9	VDDA	输入	左边	否	GD32E230C8T6.1
10	PA0	输入	左边	否	GD32E230C8T6.1
11	PA1	输入	左边	否	GD32E230C8T6.1

图 7–34　设置引脚名称

引脚名称全部输入后，调整边框，使 GD32E230C8T6 芯片的符号如图 7-29 所示，最后保存符号。

7.2.3 高级符号向导

以 GD32E230C8T6 芯片符号为例，介绍如何使用高级符号向导创建符号。高级符号向导用于快速创建 IC 类型芯片的符号，高级符号向导对符号的类型没有区分，只需要用户在模板中填写相应的数据，系统就能按照填写的数据生成符号。

首先新建符号，在“新建符号”对话框中输入“标题”为 GD32E230C8T6。然后在符号设计环境中，执行菜单栏命令“工具”→“高级符号向导”，如图 7-35 所示。

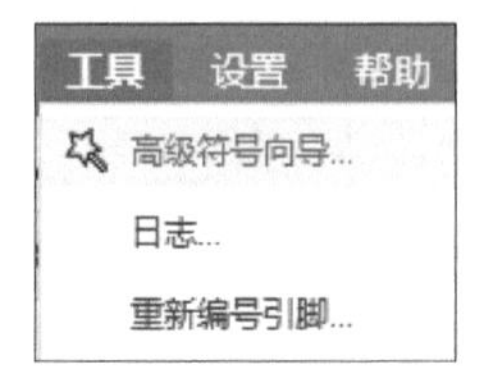

图 7-35 高级符号向导

在“高级符号向导”对话框中，导出模板，如图 7-36 所示。

高级符号向导 ×

提示：不同的"部件"将创建不同的符号部件

引脚长度： 0.2 inch

部件	方向	序号	引脚名	引脚类型	引脚编号	低有效
GD32E230C8T6.1	L	1	1	IN	1	No
GD32E230C8T6.1	L	2	2	IN	2	No
GD32E230C8T6.1	R	1	3	IN	3	No
GD32E230C8T6.1	R	2	4	IN	4	No

导入 导出 确定 取消

图 7-36 导出模板

打开模板，如图 7-37 所示。其中 Part 代表符号的子库图页，而不是引脚的编号；Side 为引脚的方向：L 代表左边，T 代表上边，R 代表右边，B 代表下边；Order 用于确定引脚在不同方向上的位置关系；Pin Name 为引脚的名称；Pin Type 用于设置引脚类型为输入（IN）或输出（OUT）；Pin Number 为引脚的编号；Reverse 表示是否为引脚类型。

在“部件”标签页中可以看到 GD32E230C8T6 芯片符号只有一个部件 GD32E230C8T6.1，如图 7-38 所示，因此在图 7-37 的 Part 栏中填写 GD32E230C8T6.1 即可。

Part	Side	Order	Pin Name	Pin Type	Pin Numbe	Reverse
GD32E230C8T6.1	L	1	1	IN	1	No
GD32E230C8T6.1	L	2	2	IN	2	No
GD32E230C8T6.1	R	1	3	IN	3	No
GD32E230C8T6.1	R	2	4	IN	4	No

图 7-37 模板

图 7-38 部件

由图 7-29 可知，GD32E230C8T6 芯片符号的引脚只有左边和右边两个方向，1 ～ 24 号引脚在左边，25 ～ 48 号引脚在右边，相应地在 Side 栏中输入 L 和 R。

再输入引脚的位置序号，序号的排列规则如图 7-39 所示，1 号引脚和 48 号引脚都在位置①，24 号引脚和 25 号引脚都在位置㉔，其他引脚的位置序号按顺序递增或递减，即 1 ～ 24 号引脚的位置序号为①～㉔，25 ～ 48 号引脚的位置序号为㉔～①。

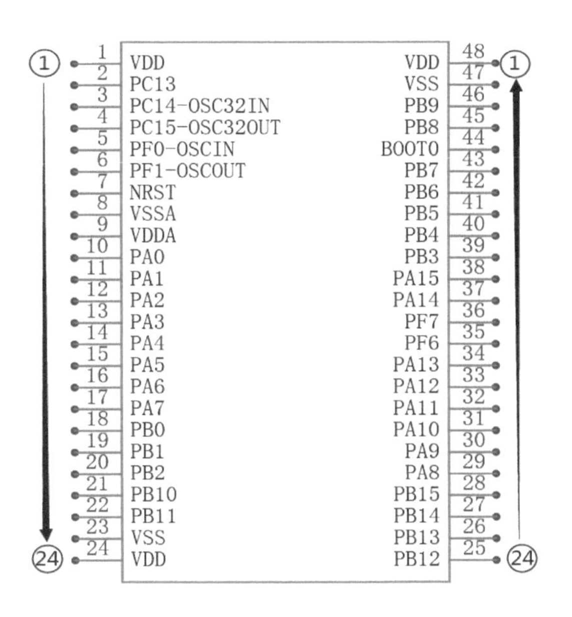

图 7-39 引脚排列规则

在 Pin Name 栏中输入 GD32E230C8T6 芯片的引脚名称；在 Pin Type 栏中统一输入 IN，引脚的类型不会对封装有影响，读者也可以根据芯片的数据手册输入引脚类型；在 Pin Number 栏中输入引脚编号；在 Reverse 栏统一输入 no，最终表格如表 7-1 所示。

表 7–1　填写模板

Part	Side	Order	Pin Name	Pin Type	Pin Number	Reverse
GD32E230C8T6.1	L	1	VDD	IN	1	No
GD32E230C8T6.1	L	2	PC13	IN	2	No
GD32E230C8T6.1	L	3	PC14-OSC32IN	IN	3	No
GD32E230C8T6.1	L	4	PC15-OSC32OUT	IN	4	No
GD32E230C8T6.1	L	5	PF0-OSCIN	IN	5	No
GD32E230C8T6.1	L	6	PF1-OSCOUT	IN	6	No
GD32E230C8T6.1	L	7	NRST	IN	7	No
GD32E230C8T6.1	L	8	VSSA	IN	8	No
GD32E230C8T6.1	L	9	VDDA	IN	9	No
GD32E230C8T6.1	L	10	PA0	IN	10	No
GD32E230C8T6.1	L	11	PA1	IN	11	No
GD32E230C8T6.1	L	12	PA2	IN	12	No
GD32E230C8T6.1	L	13	PA3	IN	13	No
GD32E230C8T6.1	L	14	PA4	IN	14	No
GD32E230C8T6.1	L	15	PA5	IN	15	No
GD32E230C8T6.1	L	16	PA6	IN	16	No
GD32E230C8T6.1	L	17	PA7	IN	17	No
GD32E230C8T6.1	L	18	PB0	IN	18	No
GD32E230C8T6.1	L	19	PB1	IN	19	No
GD32E230C8T6.1	L	20	PB2	IN	20	No
GD32E230C8T6.1	L	21	PB10	IN	21	No
GD32E230C8T6.1	L	22	PB11	IN	22	No
GD32E230C8T6.1	L	23	VSS	IN	23	No
GD32E230C8T6.1	L	24	VDD	IN	24	No
GD32E230C8T6.1	R	24	PB12	IN	25	No
GD32E230C8T6.1	R	23	PB13	IN	26	No
GD32E230C8T6.1	R	22	PB14	IN	27	No
GD32E230C8T6.1	R	21	PB15	IN	28	No
GD32E230C8T6.1	R	20	PA8	IN	29	No
GD32E230C8T6.1	R	19	PA9	IN	30	No
GD32E230C8T6.1	R	18	PA10	IN	31	No
GD32E230C8T6.1	R	17	PA11	IN	32	No
GD32E230C8T6.1	R	16	PA12	IN	33	No
GD32E230C8T6.1	R	15	PA13	IN	34	No
GD32E230C8T6.1	R	14	PF6	IN	35	No
GD32E230C8T6.1	R	13	PF7	IN	36	No

续表

Part	Side	Order	Pin Name	Pin Type	Pin Number	Reverse
GD32E230C8T6.1	R	12	PA14	IN	37	No
GD32E230C8T6.1	R	11	PA15	IN	38	No
GD32E230C8T6.1	R	10	PB3	IN	39	No
GD32E230C8T6.1	R	9	PB4	IN	40	No
GD32E230C8T6.1	R	8	PB5	IN	41	No
GD32E230C8T6.1	R	7	PB6	IN	42	No
GD32E230C8T6.1	R	6	PB7	IN	43	No
GD32E230C8T6.1	R	5	BOOT0	IN	44	No
GD32E230C8T6.1	R	4	PB8	IN	45	No
GD32E230C8T6.1	R	3	PB9	IN	46	No
GD32E230C8T6.1	R	2	VSS	IN	47	No
GD32E230C8T6.1	R	1	VDD	IN	48	No

然后在“高级符号向导”对话框中导入数据，如图 7-40 所示，也可以复制数据，粘贴在文本框内，最后单击“确认”按钮。

图 7–40 导入数据

“高级符号向导”创建的 GD32E230C8T6 芯片符号如图 7-41 所示，保存符号。

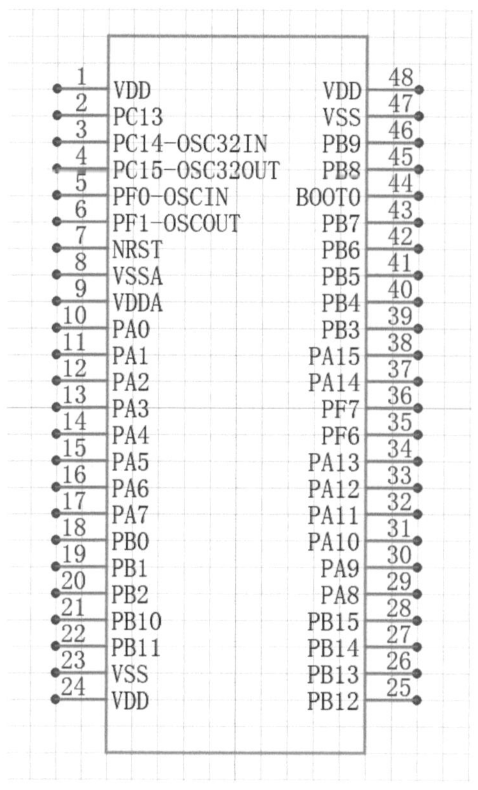

图 7-41　GD32E230C8T6 芯片符号

7.3　封装库

封装库由一系列元件的封装组成。封装就是用图形的方式把元件的各种参数（如大小、长宽、直插、贴片、焊盘的大小、引脚的长宽、引脚的间距等）表现出来。

封装在 PCB 上通常表现为一组焊盘、丝印层上的外框及芯片的说明文字。焊盘是封装中最重要的组成部分之一，用于连接元件的引脚。丝印层上的外框和说明文字起指示作用，指明 PCB 封装所对应的芯片，方便电路板的焊接。尽管立创 EDA（专业版）提供了大量的封装，但在电路板设计过程中，仍有很多封装无法在库里找到，或者现有的封装未必符合设计者的需求。因此，设计者有必要掌握封装设计的技能，并能够建立个人的封装库。

1．新建封装

下面以电阻 R0603 的封装为例，介绍如何新建封装。执行菜单栏命令“文件”→“新建”→“封装”，如图 7-42 所示。

在“新建封装”对话框中选择“归属”，输入“名称”并选择“分类”，也可以根据需求添加“描述”，然后单击“保存”按钮，如图 7-43 所示。

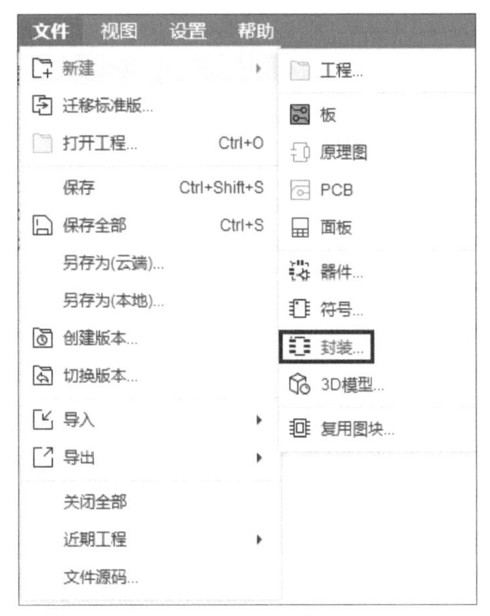

图 7-42　新建封装步骤 1

图 7-43　新建封装步骤 2

R0603 电阻只有两个引脚，封装形式简单，封装的命名“R0603”分为两部分，其中 R 代表 Resistance（电阻），0603 代表封装的尺寸为 60mil×30mil。R0603 封装电阻的尺寸和规格如图 7-44、图 7-45 所示。

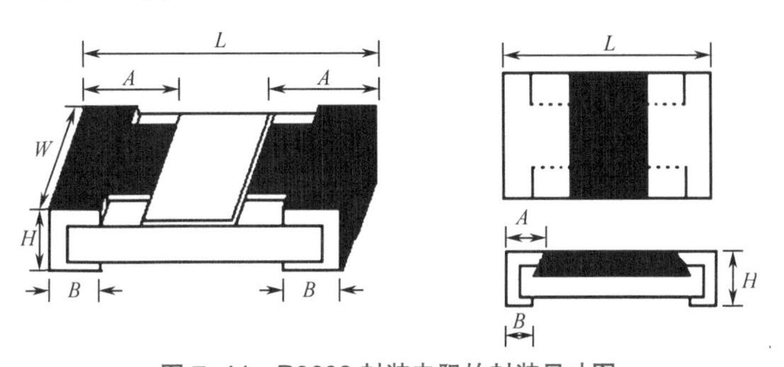

图 7-44　R0603 封装电阻的封装尺寸图

Type	70℃ Power	Dimension(mm)					Resistance Range			
		L	W	H	A	B	0.5%	1.0%	2.0%	5.0%
01005	1/32W	0.40±0.02	0.20±0.02	0.13±0.02	0.10±0.05	0.10±0.03	--	10Ω~10MΩ	10Ω~10MΩ	10Ω~10MΩ
0201	1/20W	0.60±0.03	0.30±0.03	0.23±0.03	0.10±0.05	0.15±0.05	--	1Ω~10MΩ	1Ω~10MΩ	1Ω~10MΩ
0402	1/16W	1.00±0.10	0.50±0.05	0.35±0.05	0.20±0.10	0.25±0.10	1Ω~10MΩ	0.2Ω~22MΩ	0.2Ω~22MΩ	0.2Ω~22MΩ
0603	1/10W	1.60±0.10	0.80±0.10	0.45±0.10	0.30±0.20	0.30±0.20	1Ω~10MΩ	0.1Ω~33MΩ	0.1Ω~33MΩ	0.1Ω~100MΩ
0805	1/8W	2.00±0.15	1.25 +0.15 -0.10	0.55±0.10	0.40±0.20	0.40±0.20	1Ω~10MΩ	0.1Ω~33MΩ	0.1Ω~33MΩ	0.1Ω~100MΩ

图 7–45　0603 封装电阻的规格

下面介绍如何制作 R0603 电阻的封装。

2. 添加焊盘

首先在菜单栏中设置单位为 mm，然后单击 ◎ 按钮，或执行菜单栏命令“放置”→“焊盘”→“单焊盘”，然后在画布上单击放置焊盘，如图 7-46 所示。

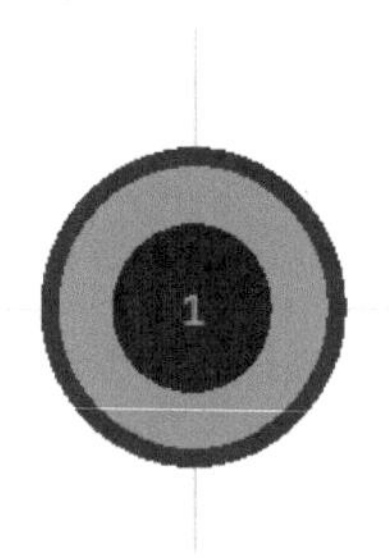

图 7–46　放置 R0603 封装焊盘 1

单击选中焊盘 1，在“属性”面板中设置图层为“顶层”；形状为“矩形”；宽为 1mm；高为 1.1mm；焊盘 1 的坐标为（-0.7mm，0mm），如图 7-47 所示。注意，绘制封装时，建议将焊盘设置得比元件实际引脚面积稍大，以便于焊接。

设置完属性的焊盘 1 如图 7-48 所示。

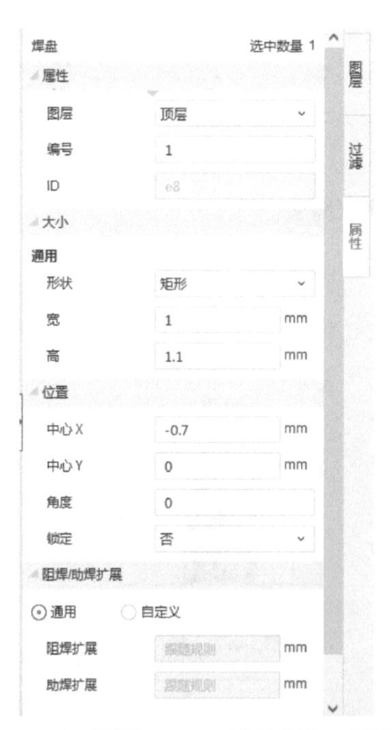

图 7–47　设置 R0603 封装焊盘 1 属性

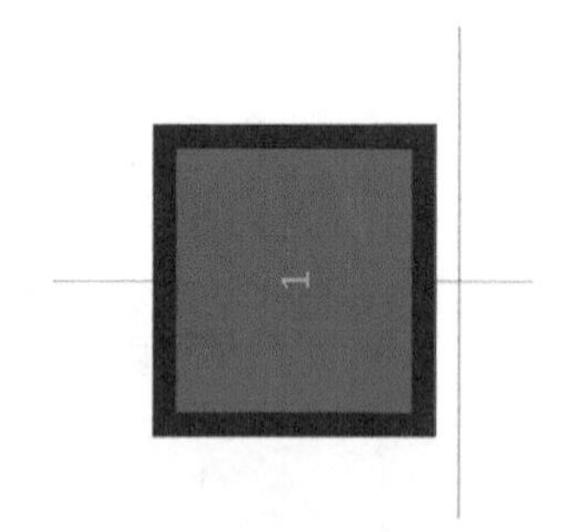

图 7–48　R0603 封装焊盘 1

可以采用复制 / 粘贴的方式添加 R0603 封装焊盘 2。单击选中焊盘 1，按快捷键 Ctrl+C 复制，参考点选择原点，然后按快捷键 Ctrl+V 粘贴，单击放置在画布上，在“属性”面板中修改“编号”为 2，坐标为（0.7mm，0mm），如图 7-49 所示。

R0603 封装的两个焊盘放置完成后如图 7-50 所示。

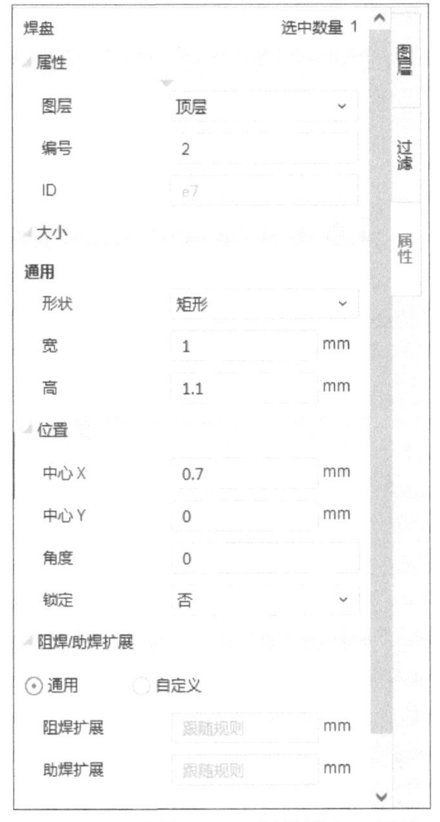

图 7-49　设置 R0603 封装焊盘 2 属性

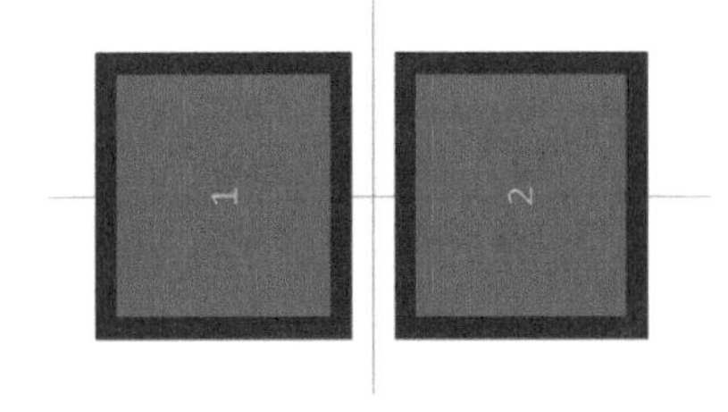

图 7-50　R0603 封装焊盘

3. 添加丝印

放置完焊盘后，需要添加丝印，用于标示元件外形及元件在电路板上的位置。首先在“图层”面板中将 PCB 工作层切换到“顶层丝印”层，如图 7-51 所示。

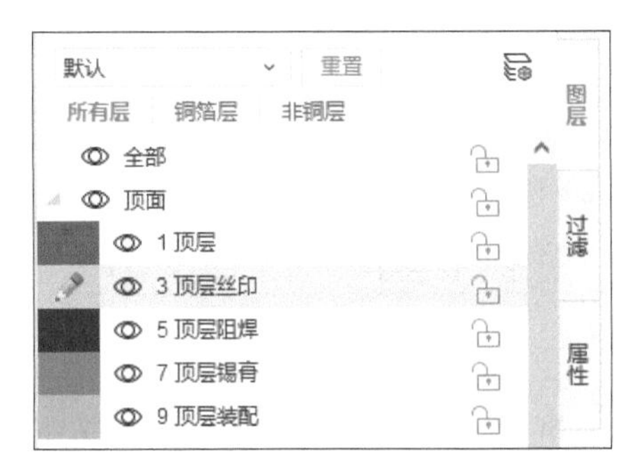

图 7-51　PCB 工作层切换到“顶层丝印”层

设置网格尺寸为 0.1mm，如图 7-52 所示。

图 7–52　设置网格尺寸

光标的坐标位置可以在封装设计环境的右下方看到，如图 7-53 所示。

单击菜单栏中的 ／ 按钮，然后按 Tab 键，设置线宽为 0.2mm，单击“确认”按钮，如图 7-54 所示。

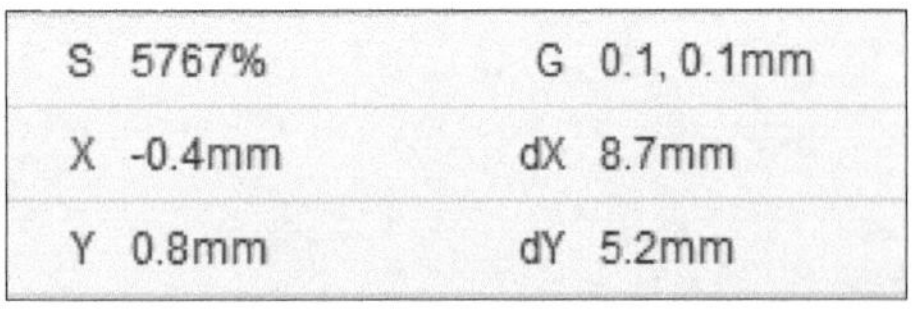

S 5767%	G 0.1, 0.1mm
X -0.4mm	dX 8.7mm
Y 0.8mm	dY 5.2mm

图 7–53　光标坐标

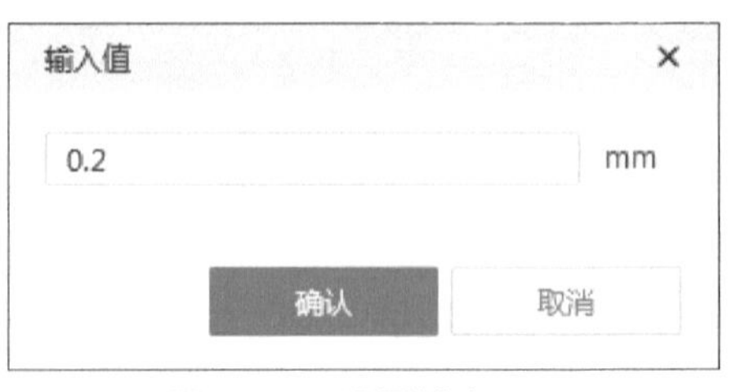

图 7–54　设置线宽

然后在坐标（-0.4mm，0.8mm）的位置单击开始绘制丝印，在坐标（-1.5，0.8）的位置再次单击，在坐标（-1.5，-0.8）的位置再次单击，最后在坐标（-0.4，-0.8）的位置结束绘制，如图 7-55 所示。

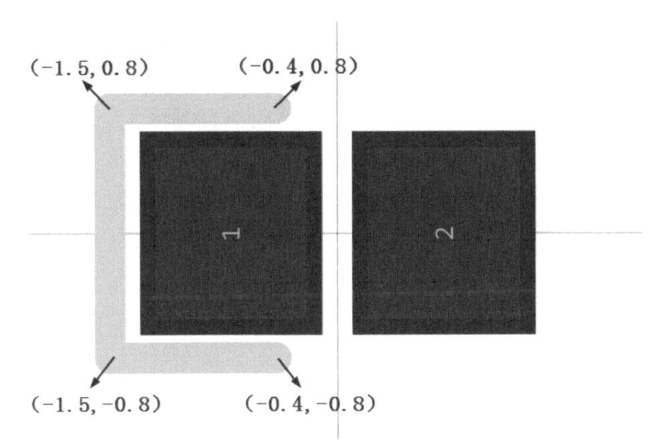

图 7-55 绘制 R0603 封装丝印 1

按照同样的方法绘制右边的丝印，如图 7-56 所示，也可以使用快捷键 Ctrl+C 复制，参考点可以选择原点或焊盘 1 的中心点，然后按快捷键 Ctrl+V 粘贴。

4. 添加属性

在“属性”面板中设置“封装”为“R0603”，“位号”为“R?”，如图 7-57 所示，最后保存封装，至此 R0603 PCB 封装已经制作完毕，在封装归属的库中可以找到。

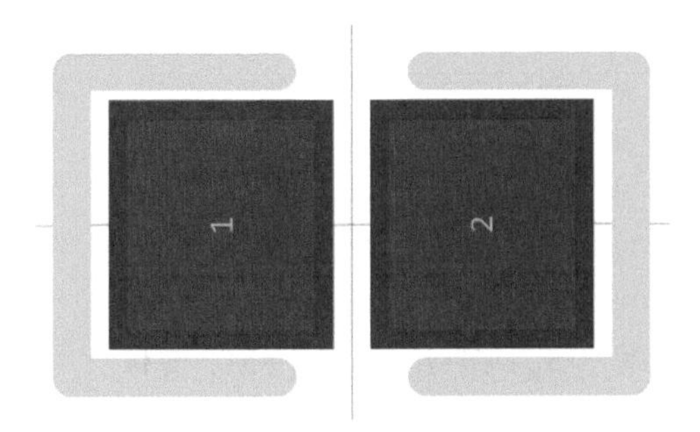

图 7-56 绘制 R0603 封装丝印 2

图 7-57 设置 R0603 属性

本章任务

完成本章的学习后，查看 GD32E230C8T6 芯片的数据手册，完成 GD32E230C8T6 芯片的器件、符号和封装制作。

本章习题

1. 简述新建器件库的流程。
2. 简述新建符号库的流程。
3. 简述新建封装库的流程。

8 导出生产文件

设计好电路板后，下一步就是制作电路板。制作电路板包括 PCB 打样、元件采购和焊接（或贴片）三个环节，每个环节都需要相应的生产文件。本章分别介绍各个环节所需生产文件的导出方法，为第 9 章制作电路板做准备。

学习目标：

- 了解生产文件的种类。
- 了解 PCB 打样、元件采购及贴片加工分别需要哪些生产文件。
- 掌握 Gerber 文件的导出方法。
- 掌握 BOM 的导出方法。
- 掌握丝印文件的导出方法。
- 掌握坐标文件的导出方法。

8.1 生产文件的组成

生产文件一般由 PCB 源文件、Gerber 文件和 SMT 文件组成，而 SMT 文件又由 BOM 和坐标文件组成，如图 8-1 所示。

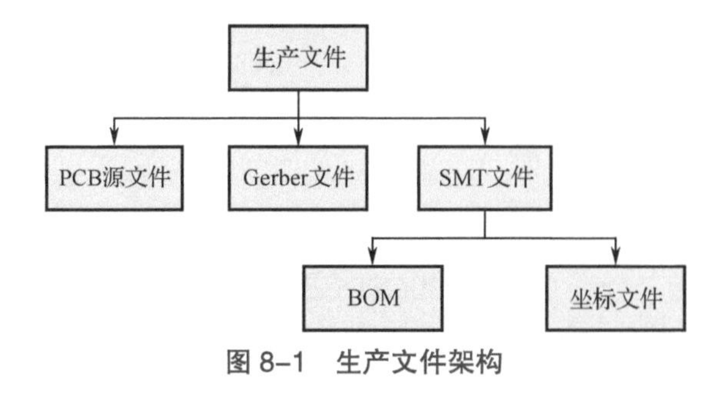

图 8-1　生产文件架构

进行 PCB 打样时，需要将 PCB 源文件或 Gerber 文件发送给 PCB 打样厂。为防止技术泄漏，建议发送 Gerber 文件。

采购元件时，需要一张 BOM（Bill of Materials，物料清单）。

进行电路板贴片加工时，既可以给贴片厂发送 PCB 源文件和 BOM，也可以发送 BOM 和坐标文件。同样，为防止技术泄露，建议选择后者。

8.2 Gerber 文件的导出

Gerber 文件是一种符合 EIA 标准的，由 GerberScientific 公司定义为用于驱动光绘机的文件。该文件把 PCB 中的布线数据转换为光绘机用于生产 1:1 高精度胶片的光绘数据，是能被光绘机处理的文件格式。PCB 打样厂用 Gerber 文件来制作 PCB。下面介绍 Gerber 文件的导出方法。

打开 GD32E230 核心板 PCB，执行菜单栏命令"导出"→"PCB 制板文件（Gerber）"，如图 8-2 所示。

在弹出的"导出 PCB 制板文件"对话框中，单击"导出 Gerber"按钮，如图 8-3 所示。

图 8-2 导出 Gerber 文件步骤 1

图 8-3 导出 Gerber 文件步骤 2

生成后的 Gerber 文件是一个压缩包，解压后可以看到有以下文件。

（1）Drill_PTH_Through.DRL：金属化钻孔层。该文件显示的是内壁需要金属化的钻孔位置。

（2）Gerber_BoardOutlineLayer.GKO：边框文件。PCB 制板厂根据该文件来切割电路板的形状。

（3）Gerber_BottomLayer.GBL：PCB 底层，即底层铜箔层。

（4）Gerber_BottomSolderMaskLayer.GBS：底层阻焊层。该层也称为开窗层，默认板子盖油，即该层绘制的元素所对应的底层区域不盖油。

（5）Gerber_DocumentLayer.GDL：钻孔层

（6）Gerber_DrillDrawingLayer.GDD：文档层

（7）Gerber_TopLayer.GTL：PCB 顶层，即顶层铜箔层。

（8）Gerber_TopPasteMaskLayer.GTP：顶层助焊层，用于开钢网。

（9）Gerber_TopSilkScreenLayer.GTO：顶层丝印层。

（10）Gerber_TopSolderMaskLayer.GTS：顶层阻焊层。该层也称为开窗层，默认板子盖油，即该层绘制的元素所对应的顶层区域不盖油。

图 8-4 导出 BOM 步骤 1

8.3 BOM 的导出

BOM（物料清单）包括元件的详细信息（如元件名称、编号、封装等）。通过 BOM 可查看电路板上元件的各类信息，便于设计者采购元件和焊接电路板。下面介绍 BOM 的导出方法。

打开 GD32E230 核心板原理图，执行菜单栏命令“导出”→“物料清单（BOM）”，如图 8-4 所示。

在弹出的“BOM 导出”对话框中，选择导出的属性有：编号、供应商编号、名称、位号、封装和数量，如图 8-5 所示，可以通过 > 和 < 按钮来选择要导出的属性，通过 ↑ ↓ 按钮来调整属性的位置，然后单击“确认”按钮。

图 8-5 导出 BOM 步骤 2

导出的 BOM 打开后如图 8-6 所示。

为了方便使用，常常需要将 BOM 打印出来。这里对图 8-6 所示的表格进行规范化处理，具体操作如下。

（1）为图 8-6 所示的表格添加页眉和页脚，页眉为“GD32E230C8T6-V1.0.0-20210809-1 套”，包含了电路板名称、版本号、完成日期及物料套数。在页脚处添加页码和页数。

（2）在表格的右侧增设“不焊接元件”“一审”和“二审”三列。为什么要增设“不焊接元件”列？由于有些电路板的某些元件是为了调试而增设的，还有些元件只在特定环境下才需要焊接，并且测试点也不需要焊接。因此，可以在“不焊接元件”一列中标注“NC”，表示不需要焊接。增设“一审”和“二审”列，是因为无论是自己焊接电路板，还是送去贴片厂进行贴片，都需要提前准备物料，而备料时常常会出现物料型号不对、物料封装不对、数量不足等问题，为了避免这些问题，建议每次备料时审核两次，特别是对于使用物料多的电路板。而且，每次审核后都应做记录，即在对应的“一审”或“二审”列打钩。规范的 BOM 示意图如图 8-7 所示。

No.	Supplier Part	Name	Designator	Footprint	Quantity
1	C5663	XH-6A	CN1	CONN-TH_6P-P2.50_XH-6A	1
2	C6186	AMS1117-3.3	U1	SOT-223-3_L6.5-W3.4-P2.30-LS7.0-BR	1
3	C12674	8MHz	X1	OSC-SMD_L11.5-W4.8-P9.50	1
4	C14663	100nF	C4, C5, C13, C8, C9, C10, C3	C0603	7
5	C17032	1μF	C11	C0603	1
6	C21190	1kΩ	R4	R0603	1
7	C23138	330Ω	R5, R6	R0603	2
8	C25804	10kΩ	R1, R2, R3, R8, R9, R7	R0603	6
9	C43163	0Ω @ 100MHz	L1	L0603	1
10	C50980	2.54mm 2*20P直排针	H2	HDR-TH_40P-P2.54-V-M-R2-C20-S2.54	1
11	C84259	LED-BLUE, LED_BLUE	LED2, PWR_LED	LED0805-RD	2
12	C91701	22pF	C7, C6	C0603	2
13	C149618	10nF	C12	C0603	1
14	C239344	A2541HWV-2x4P	H1	HDR-TH_8P-P2.54-V-R2-C4-S2.54	1
15	C380535	GD32E230C8T6	U2	LQFP-48_L7.0-W7.0-P0.50-LS9.0-BL	1
16	C385047	47μF	C2, C1	C1206	2
17	C434435	LED-GREEN	LED1	LED0805-R-RD	1
18	C782808	TS-1095-A5B2-D1	KEY2, KEY3, RST, KEY1	SW-TH_4P-L6.0-W6.0-P4.50-LS6.5	4
19	C908198	SMAJ5.0A	D1	SMA_L4.3-W2.6-LS5.0-RD	1

图 8-6 导出的 BOM

GD32E230C8T6-V1.0.0-20210809-1套

No.	Supplier Part	Name	Designator	Footprint	Quantity	不焊接元件	一审	二审
1	C5663	XH-6A	CN1	CONN-TH_6P-P2.50_XH-6A	1			
2	C6186	AMS1117-3.3	U1	SOT-223-3_L6.5-W3.4-P2.30-LS7.0-BR	1			
3	C12674	8MHz	X1	OSC-SMD_L11.5-W4.8-P9.50	1			
4	C14663	100nF	C4, C5, C13, C8, C9, C10, C3	C0603	7			
5	C17032	1μF	C11	C0603	1			
6	C21190	1kΩ	R4	R0603	1			
7	C23138	330Ω	R5, R6	R0603	2			
8	C25804	10kΩ	R1, R2, R3, R8, R9, R7	R0603	6			
9	C43163	0Ω @ 100MHz	L1	L0603	1			
10	C50980	2.54mm 2*20P直排针	H2	HDR-TH_40P-P2.54-V-M-R2-C20-S2.54	1			
11	C84259	LED-BLUE, LED_BLUE	LED2, PWR_LED	LED0805-RD	2			
12	C91701	22pF	C7, C6	C0603	2			
13	C149618	10nF	C12	C0603	1			
14	C239344	A2541HWV-2x4P	H1	HDR-TH_8P-P2.54-V-R2-C4-S2.54	1			
15	C380535	GD32E230C8T6	U2	LQFP-48_L7.0-W7.0-P0.50-LS9.0-BL	1			
16	C385047	47μF	C2, C1	C1206	2			
17	C434435	LED-GREEN	LED1	LED0805-R-RD	1			
18	C782808	TS-1095-A5B2-D1	KEY2, KEY3, RST, KEY1	SW-TH_4P-L6.0-W6.0-P4.50-LS6.5	4			
19	C908198	SMAJ5.0A	D1	SMA_L4.3-W2.6-LS5.0-RD	1			

第1页，共1页

图 8-7 规范的 BOM 示意图

8.4 坐标文件的导出

打开 GD32E230 核心板 PCB，执行菜单栏命令“导出”→“坐标文件”，如图 8-8 所示。

图 8–8　导出坐标文件步骤 1

在“导出坐标文件”对话框中，单击“导出”按钮即可，如图 8-9 所示，然后保存坐标文件。

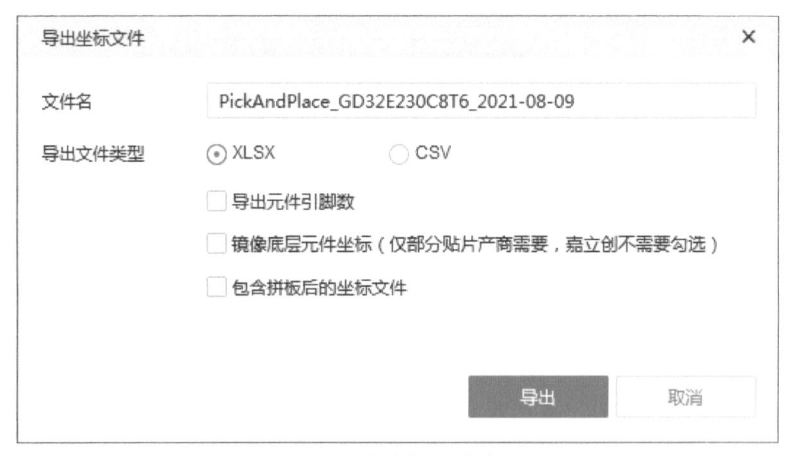

图 8–9　导出坐标文件步骤 2

本章任务

完成本章的学习后，针对自己设计的 GD32E230 核心板，按要求依次导出 Gerber 文件、BOM、丝印文件和坐标文件。

本章习题

1．生产文件都有哪些？

2．PCB 打样、元件采购及贴片加工分别需要哪些生产文件？

3．简述 Gerber 文件的作用。

4．简述 BOM 的作用。

9　制作电路板

电路板的制作主要包括PCB打样、元件采购和焊接三个环节。首先，将PCB源文件或Gerber文件发送给PCB打样厂制作出PCB（印制电路板）；然后，购买电路板所需的元件；最后，将元件焊接到PCB上，或者将物料和PCB一起发送给贴片厂进行焊接（也称贴片）。

随着近些年来电子技术的迅猛发展，无论是PCB打样厂、元件供应商，还是电路板贴片厂，如雨后春笋般涌出，不仅大幅降低了制作电路板的成本，还提升了服务品质。很多厂商已经实现了在线下单的功能，不同厂商的在线下单流程大同小异。本章以深圳嘉立创平台为例，介绍PCB打样与贴片的流程；以立创商城为例，介绍如何在网上购买元件。

学习目标：

- 掌握PCB打样的在线下单流程。
- 掌握元件的购买流程。
- 掌握PCB贴片的在线下单流程。

9.1　PCB打样在线下单流程

登录深圳嘉立创网站（http://www.sz-jlc.com），或下载安装“嘉立创下单助手”，如图9-1所示。

需要先注册账户，如果已经注册，可通过输入账号和密码进入嘉立创客户自助平台。在平台界面左侧“PCB订单管理”的下拉菜单中，单击“在线下单/计价”按钮进入下单系统，如图9-2所示。

图9-1　嘉立创下单助手

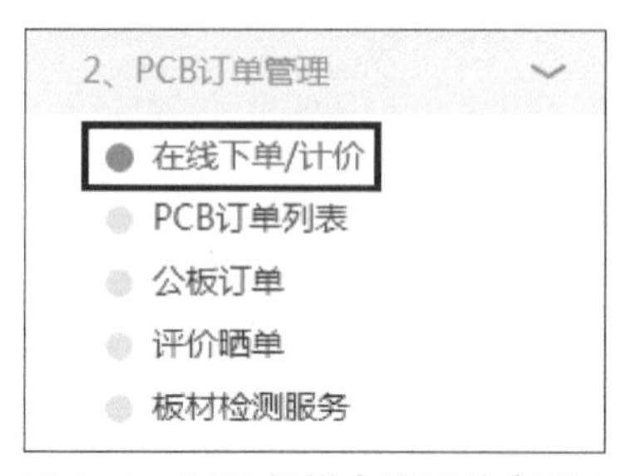

图9-2　PCB打样在线下单步骤1

然后上传“Gerber_GD32E230C8T6_2021-08-18”压缩包文件，如图9-3所示。

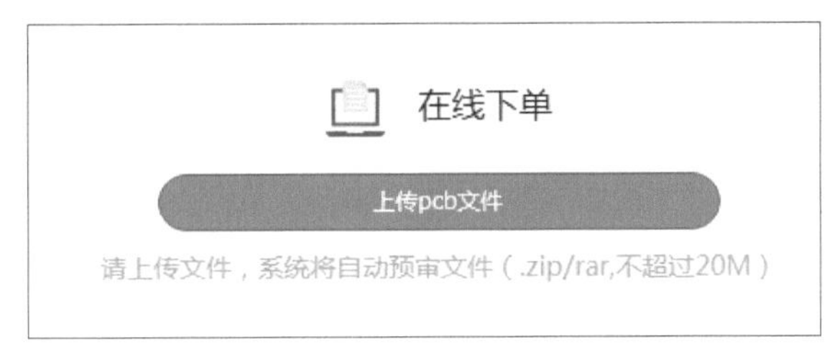

图 9-3 PCB 打样在线下单步骤 2

等待文件解析，如图 9-4 所示。

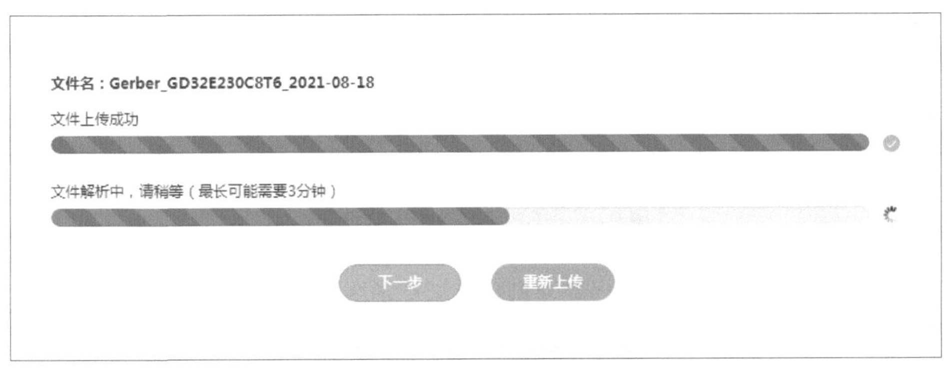

图 9-4 PCB 打样在线下单步骤 3

文件解析完成后，会自动解析板子的层数、宽度和长度，“板子数量”填 5，如图 9-5 所示，然后单击“下一步”按钮。

文件名：Gerber_GD32E230C8T6_2021-08-18
文件上传成功
文件解析完成
解析耗时25秒，请填写板子数量
板子层数： 1 2 4 6
板子宽度： 6.5 cm
板子长度： 7.5 cm
板子数量： 5
下一步 重新上传

图 9-5 PCB 打样在线下单步骤 4

GD32E230 核心板的 PCB 工艺设计如图 9-6 所示，阻焊颜色可根据个人喜好选择，其他选择保持默认。

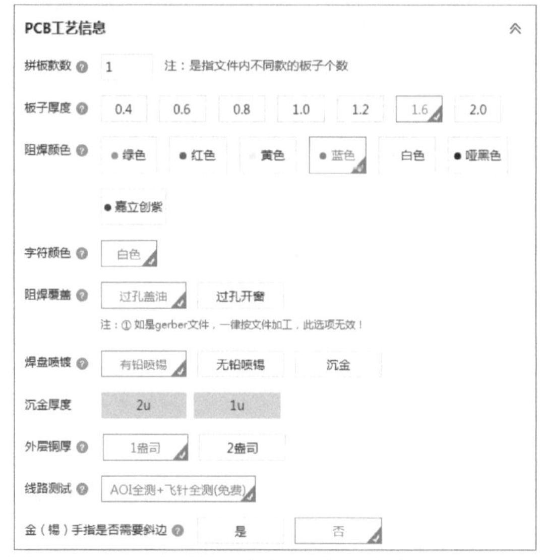

图 9-6　PCB 打样在线下单步骤 5

如图 9-7 所示，根据是否希望由嘉立创进行贴片来选择，如果是自己焊接，选“不需要”即可。

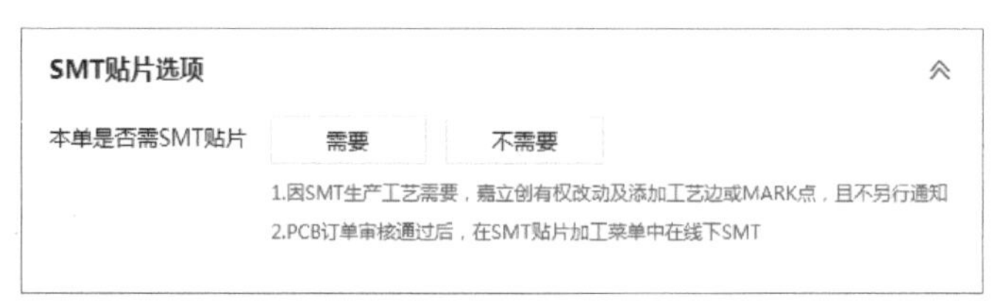

图 9-7　PCB 打样在线下单步骤 6

个性化服务和选项可以根据需求选择，如图 9-8 所示。

图 9-8　PCB 打样在线下单步骤 7

在“激光钢网选项”部分选择是否需要开钢网。注意，只有将 PCB 送去其他贴片厂才需要开钢网，若是自己焊接则不需要开钢网，如图 9-9 所示，GD32E230 核心板打样选择“不需要”开钢网。

图 9-9 PCB 打样在线下单步骤 8

若选择需要开钢网，则接下来要选择钢网尺寸。注意，钢网的有效尺寸不能小于电路板的实际尺寸，而钢网尺寸还包括钢网外框。GD32E230 核心板的实际尺寸为 6.5cm×7.5cm，所以钢网的有效尺寸可以选择第 2 个，即有效面积为 14cm×24cm，如图 9-10 所示。

本单是否需要开钢网 需要 不需要

已选：30 X 40 数量：1

注意：1、因为生产地点不同，钢网无法跟pcb订单绑定发货，需分开发货，运费另算。

2、嘉立创激光钢网统一按标准规范制作，详情：《钢网制作规范及协议》

是否需要阶梯钢网 不需要 需要

选择	规格(宽x长，单位:cm)	有效面积	网络支付	毛重/个
1	37×47	19×29	65元/个	1.5KG
✓	30×40	14×24	63元/个	1KG
3	42×52	24×34	81元/个	1.8KG
4	45×55	27×37	103元/个	2KG
5	58.4×58.4	38×38	125元/个	3.2KG
6	55×65	35×45	135元/个	3.5KG
7	73.6×73.6	50×50	172元/个	5KG
8	28×38 [无铝框钢片]	19×29	50元/个	0.8KG
9	40×60	22×40	100元/个	2.5KG

图 9-10 钢网尺寸选择

“选择交期”“发货信息”等可由用户自行填写。全部信息填写完成后，单击“提交订单”按钮，如图 9-11 所示。

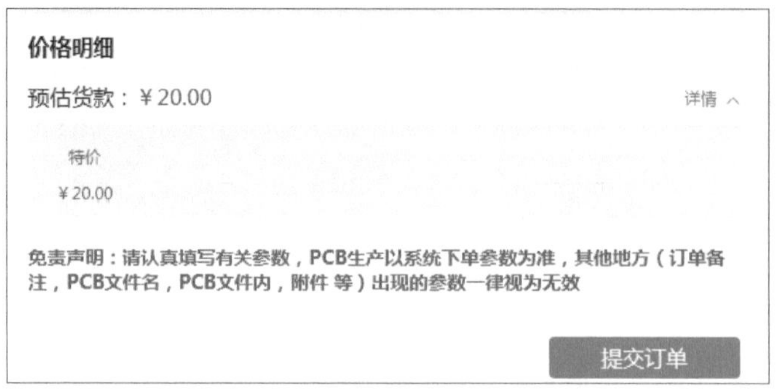

图 9-11　PCB 打样在线下单步骤 9

弹出如图 9-12 所示的界面，表示 PCB 打样在线下单成功。

图 9-12　PCB 打样在线下单成功

单击图 9-13 所示界面右侧的“返回订单列表”按钮，订单需要等待嘉立创的工作人员审核，审核通过后，单击“确认”按钮进行付款即可。

图 9-13　订单确认

嘉立创 PCB 打样在线下单流程会不断更新，可在立创 EDA 官网搜索并查看文档“PCB 下单流程”。

9.2　元件在线购买流程

本节介绍如何在立创商城购买元件。第 8 章介绍了如何导出 BOM。由于 BOM 中的

Supplier Part 与立创商城提供的物料编号一致，因此，读者可以直接在立创商城通过元件编号搜索对应的元件。

众所周知，建立一套物料体系非常复杂，完整的物料体系应具备三个因素：(1) 完善的物料库；(2) 科学的元件编号；(3) 持续有效的管理。这三者缺一不可，因此，无论是个人还是企业或院校，很难建立自己的物料体系，即使建立了，也很难有效地管理。随着电子商务的迅猛发展，立创商城让“拥有自己的物料体系”成为可能。这是因为，立创商城既有庞大且近乎完备的实体物料库，又对元件进行了科学的分类和编号，更重要的是，有专人对整个物料库进行细致高效的管理。直接采用立创商城提供的编号，可以有效地提高电路设计和制作的效率，而且设计者无须储备物料，可做到零库存，从而大幅降低开发成本。

图 9-14 所示的是 GD32E230 核心板 BOM 的一部分，完整的 BOM 可参见图 8-7。

No.	Supplier Part	Name
1	C5663	XH-6A
2	C6186	AMS1117-3.3
3	C12674	8MHz
4	C14663	100nF

图 9-14 BOM 的元件编号

下面以编号为 C6186 的线性稳压器（LDO）芯片 AMS1117-3.3 为例，介绍如何在立创商城购买元件。

首先，打开立创商城网站（http://www.szlcsc.com），在首页的搜索框中输入元件编号“C6186”，单击🔍按钮，如图 9-15 所示。

图 9-15 根据元件编号搜索元件

在图 9-16 所示的搜索结果中，核对元件的基本信息，如元件名称、品牌、型号、封装 / 规格等，确认无误后，单击“加入购物车”按钮，加入购物车并结算。

图 9-16 元件搜索结果

当某一编号的元件在立创商城缺货时，可以通过搜索该元件的关键信息购买不同型号或品牌的相似元件。例如，需要购买 100nF（104）±5% 50V 0603 电容，如果村田品牌的暂无库存，可以用国巨等其他品牌替代，如图 9-17 所示。注意，要确保容值、封装等参数相同，否则不可以相互替代。

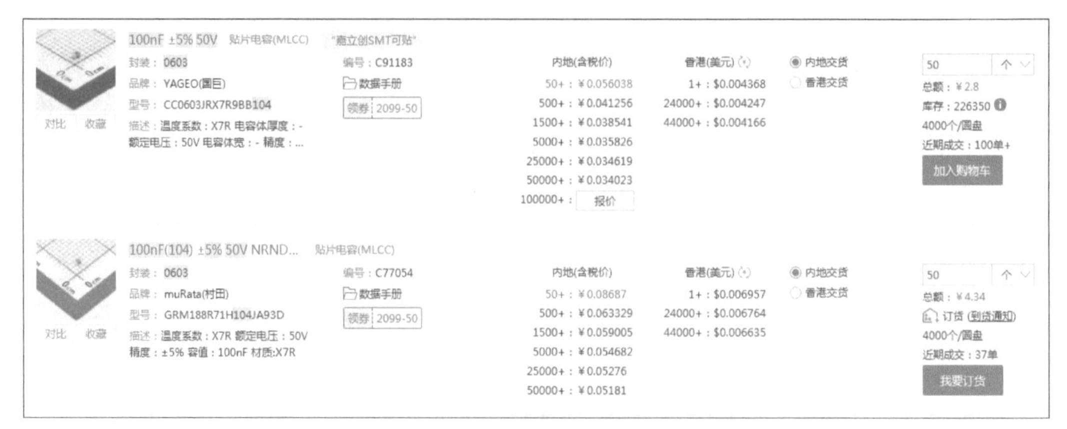

图 9-17 可替代的不同品牌元件

如果没有相似元件可替代，也可以进入订货代购流程，如图 9-18 所示。当库存不足时，加入购物车并下单后，立创商城可代为订货。

图 9-18 元件订货页面

立创商城元件购买流程会不断更新，可在立创商城官网首页底部查看“购物流程”。

9.3 SMT 在线下单流程

首先介绍什么是 SMT。SMT 是 Surface Mount Technology（表面组装技术）的缩写，也称为表面贴装或表面安装技术，是目前电子组装行业里最流行的一种技术和工艺。它是一种将无引脚或短引线表面组装元件安装在印制电路板的表面或其他基板的表面上，通过回流焊或浸焊等方法加以焊接组装的电路装连技术。

读者可能疑惑，作为电路设计人员，为什么还需要学习电路板的焊接和贴片？因为硬件电路设计人员在进行样板设计时，常常需要进行调试和验证，焊接技术作为基本技能是必须熟练掌握的。然而，为了更好地将重心放在电路的设计、调试和验证上，也可以将焊接工作交给贴片厂完成。

在普通贴片厂进行电路板的贴片加工，通常都需要开机费，一般从几百到几千元不等。对于公司而言，这个费用可能不算高，但是对于初学者而言，这也是一笔不小的费用，毕竟刚开始设计的电路不经过两到三次修改很难达到要求。本书选择嘉立创贴片的原因是嘉立创不收取开机费，也不需要开钢网，可大大节省开发费用，并提高效率。

在 9.1 节中，由于“SMT 贴片选项”选择的是“不需要”，因此，这里需要单击图 9-19 中的“改为需 SMT”按钮。PCB 订单会重新由嘉立创工作人员审核。如果原本已设置开钢网，则需要重新返回至 PCB 在线下单。

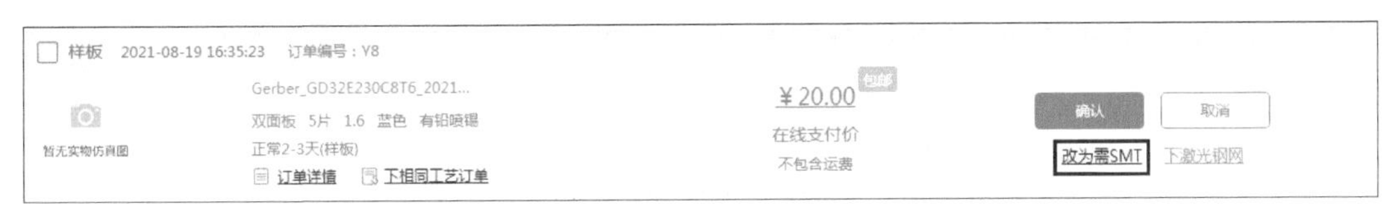

图 9–19　改为需 SMT

如果在“SMT 贴片选项”中选择的是“需要”，审核完毕后，可直接单击“去下 SMT 订单”按钮，如图 9-20 所示。

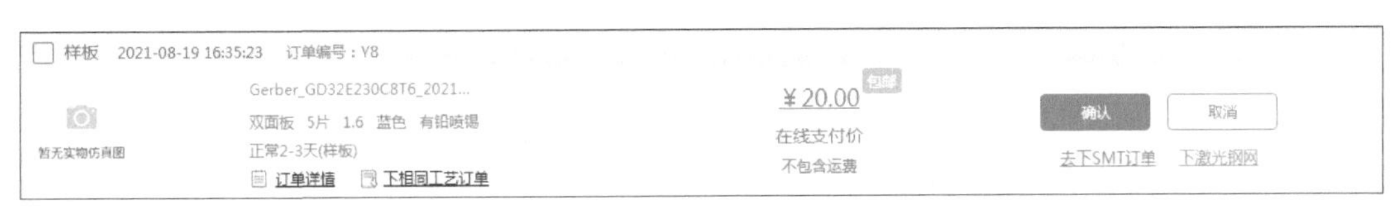

图 9–20　去下 SMT 订单

目前嘉立创可贴片元件有约 8 万种，而且还会不断增加，另外，嘉立创已开放手工焊接，可手工焊接的元件有 3 万余种。

嘉立创可贴片元件是经过严格筛选的，基本能够覆盖常用的元件，因此，读者在进行电路设计时，尽可能选择嘉立创可贴片元件，这样既能减少自己焊接的工作量，又能确保焊接的质量，大大提高电路设计和制作的效率。

如图 9-21 所示，选择贴片数量，“SMT 分板定位孔”选择“嘉立创添加”。

图 9–21　填写 SMT 信息

然后上传资料文件，有两种方式：①使用自己的 BOM 和坐标；②使用 PCB 源文件系统生成。本书使用第①种方式，如图 9-22 所示，选择导出文件的软件为“立创 EDA”，然后上传第 8 章导出的 BOM 和坐标文件，单击“下一步，BOM 匹配”按钮。

图 9-22　上传文件之 SMT 下单

系统会自动对上传的 BOM 进行匹配，然后列出可贴元件清单和未搜索成功的元件清单。在可贴元件清单中核对元件，正确的则勾选，如图 9-23 所示。

•可贴元器件清单　省钱提醒 采用"先整盘购买 后分批使用"，本订单能节省：31.63 元，再省换料费：155.00 元

序号	核对正确	型号	封装	位号		元件编号	用料信息		私有库存	操作
				顶(T)层	底(B)层		库类型	用量(PCS)		
使用私有库存的元器件(1)										
私有库存不足 以下为你的私有库存元器件，请先完成备货后，再用于SMT下单 保存当前操作，先去备货										
1	☑	【排针】 2.54mm 2*20P 直排针 2.54mm 2*20P直排针	2.54mm HDR-TH_40P-P2.54-V-M-R2-C20-S2.54	H2		C50980 C50980	扩展库	使用：6 私有库：0 缺：6	约省:1.42元 ↓32.33% 再省换料费:15.00元 先整盘预订 分批使用 立即预订 私库管理	
使用嘉立创库存的元器件(17)										
1	☑	LED_灯_蓝_Iv=20-55_λd=468-478 LED-BLUE,LED_BLUE	LED_0805 LED0805-RD	LED2,PWR_LED		C84259	推荐库	使用：20 库存：19227 单价：¥0.196	立省:2.32元 ↓59.18% 再省换料费:10.00元 先整盘购买 分批使用 立即购买	
2	☑	47uF(476) ±20% 10V X5R 47uF	1206 C1206	C2,C1		C96123	基础库	使用：10 库存：76438 单价：¥0.582		
3	☑	【排针】 0.100" (2.54mm) 180° Through Hole Gold 8 Position Receptacle Connector A2541HWV-2x4P	HDR-TH_8P-P2.54-V-R2-C4-S2.54 HDR-TH_8P-P2.54-V-R2-C4-S2.54	H1		C239344	扩展库	使用：6 库存：0 缺：6 单价：¥0.943	约省:2.25元 ↓39.77% 再省换料费:15.00元 先整盘预订 分批使用 立即预订 私库管理	

图 9-23　核对元件

未搜索成功的元件可以通过单击"选元件"按钮来替换成其他可贴元件，如图 9-24 所示。

•↓↓ 以下是未搜索成功的元件(2) 您可以通过"选元件"来替换成可贴元件

序号	型号	封装	位号		选择元件
			顶（T）层	底（B）层	
1					选元件
2	LED-GREEN	LED0805-R-RD	LED1		选元件

注：系统只会读取第一张工作表，例如Sheet1。如果您的Excel文件中包含多个工作表，例如Sheet1、Sheet2、Sheet3，建议仅保留一个工作表，其他全部删除。

图 9-24　未搜索成功的元件

在“SMT 元件替换”对话框中，输入筛选条件，在筛选结果中，单击“选用元件”按钮来选择合适的元件，如图 9-25 所示。

图 9–25 替换元件

在“提示”对话框中，根据实际情况选择，如图 9-26 所示。

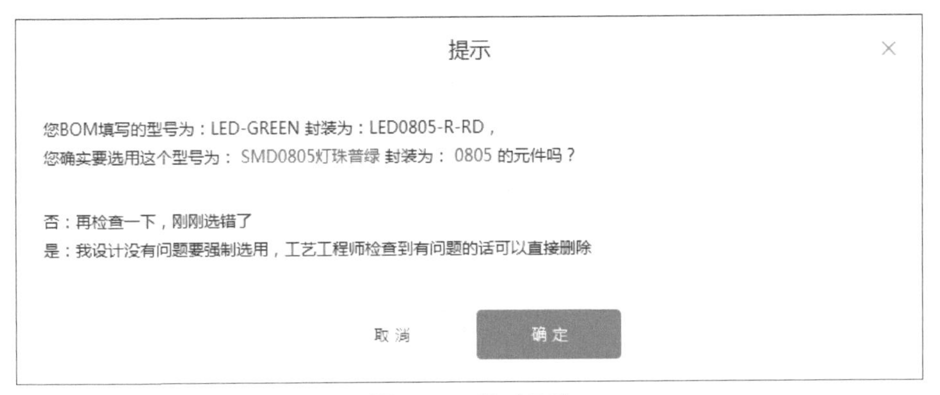

图 9–26 核对元件

在弹出的“预览图”中，再次核对，确认无误后单击“选用这个元件”按钮，如图 9-27 所示。

元件被全部核对并勾选后，单击“备料完成，下一步”按钮，如图 9-28 所示。

在弹出的“温馨提示”对话框中，选择第一项，如图 9-29 所示。最后确认下单，完成 SMT 下单。

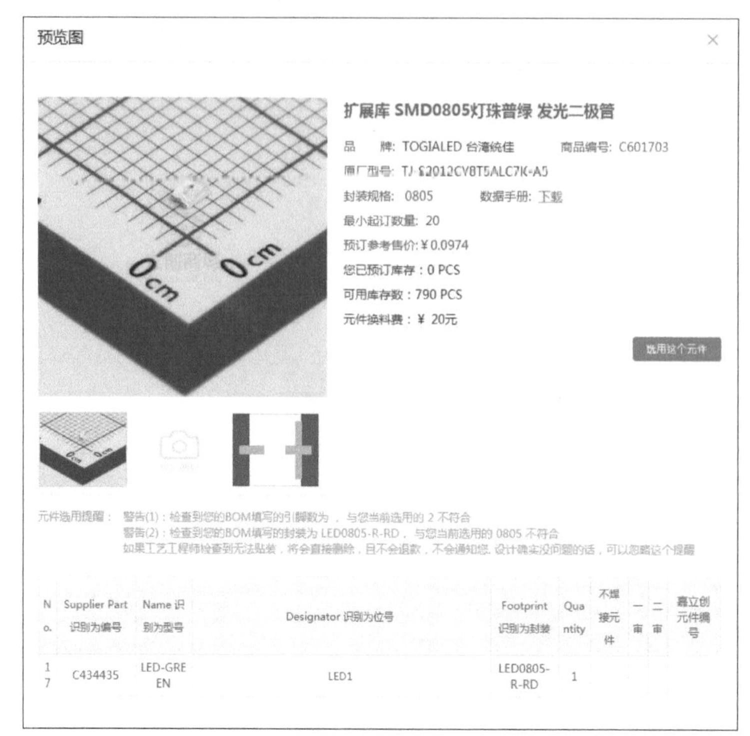

图 9-27　选用元件

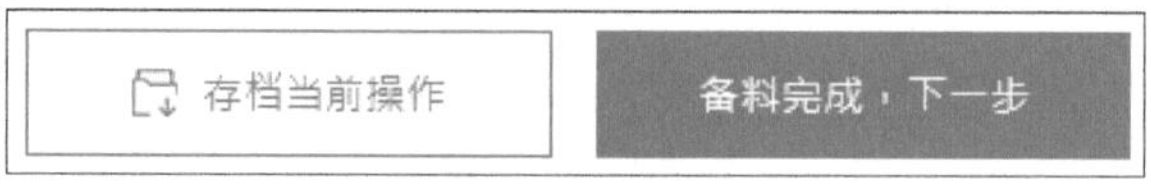

存档当前操作　　备料完成，下一步

图 9-28　备料完成

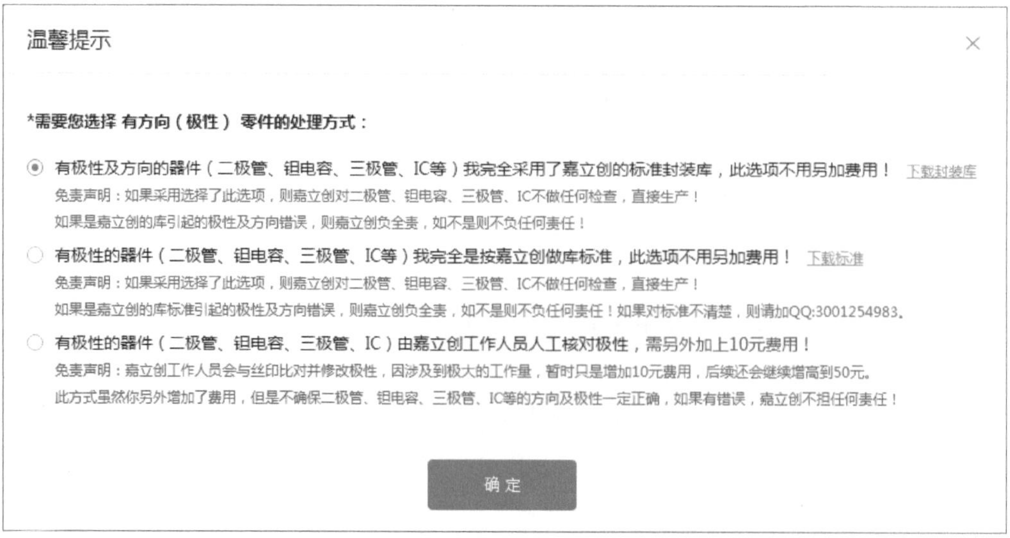

温馨提示

*需要您选择 有方向（极性） 零件的处理方式：

◉ 有极性及方向的器件（二极管、钽电容、三极管、IC等）我完全采用了嘉立创的标准封装库，此选项不用另加费用！ 下载封装库
免责声明：如果采用选择了此选项，则嘉立创对二极管、钽电容、三极管、IC不做任何检查，直接生产！
如果是嘉立创的库引起的极性及方向错误，则嘉立创负全责，如不是则不负任何责任！

○ 有极性的器件（二极管、钽电容、三极管、IC等）我完全是按嘉立创做库标准，此选项不用另加费用！ 下载标准
免责声明：如果采用选择了此选项，则嘉立创对二极管、钽电容、三极管、IC不做任何检查，直接生产！
如果是嘉立创的库标准引起的极性及方向错误，则嘉立创负全责，如不是则不负任何责任！如果对标准不清楚，则请加QQ:3001254983。

○ 有极性的器件（二极管、钽电容、三极管、IC）由嘉立创工作人员人工核对极性，需另外加上10元费用！
免责声明：嘉立创工作人员会与丝印比对并修改极性，因涉及到极大的工作量，暂时只是增加10元费用，后续还会继续增高到50元。
此方式虽然你另外增加了费用，但是不确保二极管、钽电容、三极管、IC等的方向及极性一定正确，如果有错误，嘉立创不担任何责任！

确 定

图 9-29　SMT 注意事项之有极性元件

本章任务

完成本章的学习后，尝试在嘉立创网站完成 GD32E230 核心板的 PCB 打样下单和 SMT 下单，并尝试在立创商城采购 GD32E230 核心板无法进行贴片的元件。建议 PCB 打样 5 块、贴片 2 块，元件采购 3 套。

本章习题

1. 在网上查找 PCB 打样的流程，简述每个流程的工艺和注意事项。
2. 在网上查找电路板贴片的流程，简述每个流程的工艺和注意事项。

10　GD32E230 核心板焊接

本章将介绍 GD32E230 核心板的焊接。在焊接前，首先准备好所需要的工具和材料、各种电子元件和 GD32E230 核心板空板。本章将焊接的过程分为 4 个步骤，每个步骤都有严格的要求和焊接完成的验证标准。通过本章的学习和实践，读者将掌握焊接 GD32E230 核心板的技能，以及万用表的简单操作。

学习目标：

- 能够根据焊接工具和材料清单准备焊接 GD32E230 核心板所需的工具和材料。
- 能够根据 BOM 准备 GD32E230 核心板所需的元件。
- 按照分步焊接和检测的方法，焊接至少一块 GD32E230 核心板，并验证通过。
- 掌握万用表的使用方法，能够进行电压、电流和电阻等的测量。

10.1　焊接工具和材料

焊接之前先要准备好焊接所需的工具和材料，如表 10-1 所示，下面简要介绍。

表 10-1　焊接工具和材料清单

编　号	物品名称	图　片	数　量	单　位	编　号	物品名称	图　片	数　量	单　位
1	电烙铁		1	套	4	镊子		1	把
2	焊锡		1	卷	5	万用表		1	套
3	松香		1	盒	6	吸锡带		1	卷

1. 电烙铁

电烙铁有很多种，常用的有内热式、外热式、恒温式和吸锡式。为了方便携带，建议使用内热式电烙铁。此外，还需要有烙铁架和海绵，烙铁架用于放置电烙铁，海绵用于擦拭烙铁锡渣，海绵不应太湿或太干，应手挤海绵直至不滴水为宜。

电烙铁常用的烙铁头有四种，分别是刀头、一字形、马蹄形、尖头，如图 10-1 所示，本书建议初学者直接使用刀头，因为 GD32E230 核心板上的绝大多数元件都是贴片封装的，刀头适用于焊接多引脚器件以及需要拖焊的场合，这对于焊接 GD32 芯片及排针非常适合。刀头在焊接贴片电阻、电容、电感时也非常方便。

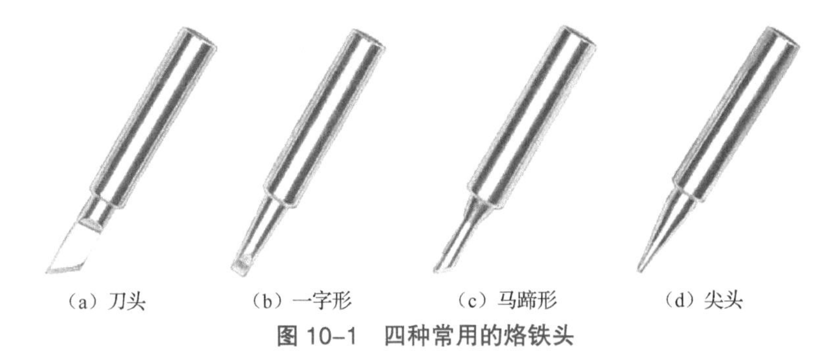

（a）刀头　（b）一字形　（c）马蹄形　（d）尖头

图 10-1　四种常用的烙铁头

（1）电烙铁的正确使用方法

① 先接上电源，数分钟后待烙铁头的温度升至焊锡熔点时，蘸上助焊剂（松香），然后用烙铁头刃面接触焊锡丝，使烙铁头上均匀地镀上一层锡（亮亮的、薄薄的就可以）。这样做，便于焊接并防止烙铁头表面氧化。没有蘸上助焊剂的烙铁头，焊接时不容易上锡。

② 进行普通焊接时，一手拿烙铁，一手拿焊锡丝，靠近根部，两头轻轻一碰，一个焊点就形成了。

③ 焊接时间不宜过长，否则容易烫坏元件，必要时可用镊子夹住引脚帮助散热。

④ 焊接完成后，一定要断开电源，等电烙铁冷却后再收起来。

（2）电烙铁使用注意事项

① 使用前认真检查烙铁头是否松动。

② 使用时不能用力敲击，烙铁头上焊锡过多时用湿海绵擦拭，不可乱甩，以防烫伤他人。

③ 电烙铁要放在烙铁架上，不能随便乱放。

④ 注意导线不能触碰到烙铁头，避免引发火灾。

⑤ 不要让电烙铁长时间处于待焊状态，因为温度过高也会造成烙铁头“烧死”。

⑥ 使用结束后务必切断电源。

2. 镊子

焊接电路板常用的镊子有直尖头和弯尖头，建议使用直尖头。

3. 焊锡

焊锡是在焊接线路中连接电子元件的重要工业原材料，是一种熔点较低的焊料。常用的焊锡主要是用锡基合金做的焊料。根据焊锡中间是否含有松香，将焊锡分为实心焊锡和松香芯焊锡。焊接元件时建议采用松香芯焊锡，因为这种焊锡熔点较低，而且内含松香助焊剂，可起到湿润、降温、提高可焊性的作用，使用极为方便。

4. 万用表

万用表一般用于测量电压、电流、电阻和电容，以及检测短路。在焊接 GD32E230 核心板时，万用表主要用于①测量电压；②测量某一个回路的电流；③检测电路是否短路；④测量电阻的阻值；⑤测量电容的容值。

（1）测电压

将黑表笔插入 COM 孔，红表笔插入 VW 孔，旋钮旋到合适的“电压”挡（万用表表盘上的电压值要大于待测电压值，且最接近待测电压值的电压挡位）。然后，将两个表笔的尖头分别连接到待测电压的两端（注意，万用表是并联到待测电压两端的），保持接触稳定，且电路应处于工作状态，电压值即可从万用表显示屏上读取。注意，万用表表盘上的“V-”表示直流电压挡，“V ～”表示交流电压挡，表盘上的电压值均为最大量程。由于 GD32E230 核心板采用直流供电，因此测量电压时，要将旋钮旋到直流电压挡。

（2）测电流

将黑表笔插入 COM 孔，红表笔插入 mA 孔，旋钮旋到合适的“电流”挡（万用表表盘上的电流值要大于待测电流值，且最接近待测电流值的电流挡位）。然后，将两个表笔的尖头分别连接到待测电流的两端（注意，万用表是串联到待测电流的电路中的），保持接触稳定，且电路应处于工作状态，电流值即可从万用表显示屏上读取。注意，万用表表盘上的“A-”表示直流电流挡，“A ～”表示交流电流挡，表盘上的电流值均为最大量程。由于 GD32E230 核心板上只有直流供电，因此测量电流时，要将旋钮旋到直流电流挡。GD32E230 核心板上的电流均为毫安（mA）级。

（3）检测短路

将黑表笔插入 COM 孔，红表笔插入 VW 孔，旋钮旋到“蜂鸣 / 二极管”挡。然后，将两个表笔的尖头分别连接到待测短路电路的两端（注意，万用表是并联到待测短路电路两端的），保持接触稳定，将电路板的电源断开。如果万用表蜂鸣器鸣叫且指示灯亮，表示所测电路是连通的；否则，所测电路处于断开状态。

（4）测电阻

将黑表笔插入 COM 孔，红表笔插入 VW 孔，旋钮旋到合适的“电阻”挡（万用表表盘上的电阻值要大于待测电阻值，且最接近待测电阻值的电阻挡位）。然后，将两个表笔的尖头分别连接到待测电阻两端（注意，万用表是并联到待测电阻两端的），保持接触稳定，将电路板的电源断开，电阻值即可从万用表显示屏上读取。如果直接测量某一电阻，可将两个表笔的尖头连接到待测电阻的两端直接测量。注意，电路板上某一电阻的阻值一般小于标识阻值，因为电路板上的电阻与其他等效网络并联，并联之后的电阻值小于其中任何一个电阻阻值。

（5）测电容

将黑表笔插入 COM 孔，红表笔插入 VW 孔，旋钮旋到合适的“电容”挡（万用表表盘上的电容值要大于待测电容值，且最接近待测电容值的电容挡位）。然后，将两个表笔的尖头分别连接到待测电容两端（注意，万用表是并联到待测电容两端的），保持接触稳定，电容值即可从万用表显示屏上读取。注意，待测电容应为未焊接到电路板上的电容。

5. 松香

松香在焊接中作为助焊剂，起助焊作用。从理论上讲，助焊剂的熔点比焊料低，其比重、黏度、表面张力都比焊料小，因此在焊接时，助焊剂先熔化，很快流浸、覆盖于焊料表面，起到隔绝空气防止金属表面氧化的作用，并能在焊接的高温下与焊锡及被焊金属的表面发生氧化膜反应，使之熔解，还原纯净的金属表面。合适的焊锡有助于焊出满意的焊点形状，并保持焊点的表面光泽。松香是常用的助焊剂，它是中性的，不会腐蚀电路元件和烙铁头。如果是新印制的电路板，在焊接之前要在铜箔表面涂上一层松香水。如果是已经印制好的电路板，则可直接焊接。松香的具体使用因个人习惯而不同，有的人习惯每焊接完一个元件，都将烙铁头在松香上浸一下，有的人只有在电烙铁头被氧化，不太方便使用时，才会在上面浸一些松香。松香的使用方法也很简单，打开松香盒，把通电的烙铁头在上面浸一下即可。如果焊接时使用的是实心焊锡，加一些松香是必要的；如果使用松香锡焊丝，可不单独使用松香。

6. 吸锡带

在焊接引脚密集的贴片元件时，很容易因焊锡过多导致引脚短路，使用吸锡带就可以“吸走”多余的焊锡。吸锡带的使用方法很简单：用剪刀剪下一小段吸锡带，用电烙铁加热使其表面蘸上一些松香，然后用镊子夹住将其放在焊盘上，再用电烙铁压在吸锡带上，当吸锡带变为银白色时即表明焊锡被“吸走”了。注意，吸锡时不可用手碰吸锡带，以免烫伤。

7. 其他工具

常用的焊接工具还包括吸锡枪等，由于 GD32E230 核心板上主要是贴片元件，基本用不到吸锡枪，因此这里就不详细介绍，如需了解其他焊接工具和材料，可以查阅相关教材或网站。

10.2 GD32E230 核心板元件清单

根据第 8 章导出的 GD32E230 核心板元件清单，提前准备好元件，推荐直接使用“立创商城”的物料体系。因为立创商城上的物料体系比较严谨规范，而且采购非常方便，价格也较实惠，读者可以只花 1 元就能买到 100 个贴片电阻，更重要的是，可以基本实现一站式采购。这样既省时，又节约成本，可大大降低初学者学习的门槛。当然，立创商城的元件也常常会出现下架和缺货的现象，但是，立创商城提供的物料种类非常全，读者可以非常容易地在其网站上找到可替代的元件。因此，根据立创商城提供的元件编号，就可以方便地在立创商城上根据 GD32E230 核心板元件清单上的元件编号采购所需的元件。

经过若干轮实践证明，绝大多数初学者都能在焊接第三块电路板之前，至少调试通一块电路板。当然，也有很多初学者每焊接一块就能调试通一块，焊接后面的两块电路板是为了巩固焊接和调试技能。鉴于此，本书提供 3 套开发套件，建议读者在备料时也按照 3 套的数量准备。

10.3 GD32E230 核心板焊接步骤

准备好空的 GD32E230 核心板、焊接工具和材料、元件后，就可以开始电路板的焊接。

很多初学者在学习焊接时，常常拿到一块电路板就急着把所有的元件全部焊上去。由于在焊接过程中没有经过任何检测，最终通电后，电路板要么没有任何反应，要么被烧坏，而真正一次性焊接好并验证成功的极少。而且，出了问题，不知道从何处解决。

尽管 GD32E230 核心板电路不是很复杂，但是要想一次性焊接成功，还是有一定的难度。本章将 GD32E230 核心板焊接分为 4 个步骤，每个步骤完成后都有严格的验证标准，出了问题可以快速找到问题。即使从未接触过焊接的新手，也能通过这 4 个步骤迅速掌握焊接的技能。

GD32E230 核心板焊接的 4 个步骤如表 10-2 所示，每一步都列出了要焊接的元件，同时，每一步焊接完成后，都有严格的验证标准。

表 10-2　GD32E230 核心板焊接步骤

步　骤	需要焊接的元件位号	验 证 标 准
1	U2	GD32 芯片各引脚不能短路，也不能虚焊
2	D1，C1，U1，C2，C3，R8，R9，R4，R5，R6，PWR_LED，LED1，LED2，CN1	5V、3.3V 和 GND 相互之间不短路，上电后电源指示灯能正常点亮，电压测量正常
3	C8，C9，C10，C11，C12，L1，C6，C7，X1，C4，C5，C13，R1，R2，R3，R7，KEY1，KEY2，KEY3，RST	上电后，GD32E230 核心板能够正常下载程序，且下载完程序后，按 RST 按键，蓝灯和绿灯交替闪烁，串口能通过通信 - 下载模块向计算机发送数据
4	H1，H2	OLED 显示屏正常显示字符、日期和时间

10.4 GD32E230 核心板分步焊接

焊接前首先按照要求准备好焊接工具和材料，包括电烙铁、焊锡、镊子、松香、万用表、吸锡带等，同时也备齐 GD32E230 核心板的电子元件。

10.4.1 焊接第一步

焊接的元件位号：U2。焊接第一步完成后的效果图如图 10-2 所示。

焊接说明：拿到空的 GD32E230 核心板后，首先要使用万用表检测 5V、3.3V 和 GND 三个电源网络相互之间有没有短路。如果短路，直接更换一块新板，并检测确认无短路，然后参照 10.5.1 节（GD32E230C8T6 芯片焊接方法）将准备好的 GD32E230C8T6 芯片焊接到 U2 所指示的位置。注意，GD32E230C8T6 芯片的 1 号引脚务必与电路板上的 1 号引脚对应，切勿将芯片方向焊错。

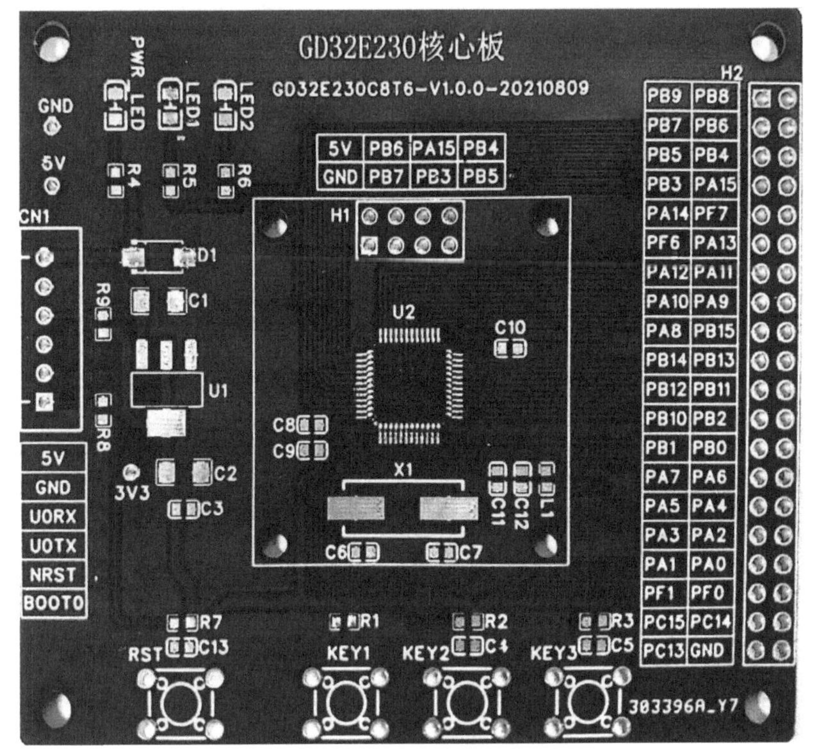

图 10-2 焊接第一步完成后的效果图

验证方法：使用万用表检测确认 GD32E230C8T6 芯片各相邻引脚之间无短路，芯片引脚与焊盘之间没有虚焊。由于芯片的绝大多数引脚都被引到排针上，因此，检测相邻引脚之间是否短路可以通过检测相对应的焊盘之间是否短路进行验证。虚焊可以通过检测芯片引脚与对应的排针上的焊盘是否短路进行验证。这一步非常关键，尽管烦琐，但是绝不能疏忽。如果这一步没有达标，则后续焊接工作将无法开展。

10.4.2 焊接第二步

焊接的元件号：D1，C1，U1，C2，C3，R8，R9，R4，R5，R6，PWR_LED，LED1，LED2，CN1。焊接第二步完成后的效果图如图 10-3 所示。

焊接说明：将上述元件位号对应的元件依次焊接到电路板上。各元件焊接方法可以参照 10.5 节的介绍。注意，每焊接完一个元件，都用万用表检测是否有短路现象，即检测 5V、3.3V 和 GND 网络之间是否短路。此外，二极管（D1）和发光二极管（PWR_LED、LED1、LED2）都是有方向的，切莫将方向焊反，通信 - 下载模块接口（CN1）的缺口应朝外。

验证方法：在上电之前，首先检测 5V、3.3V 和 GND 三个网络相互之间是否短路。确认没有短路，再使用通信 - 下载模块对 GD32E230 核心板供电。供电后，使用万用表的电压挡检测 5V 和 3.3V 测试点的电压是否正常。GD32E230 核心板的电源指示灯应为蓝色点亮状态。

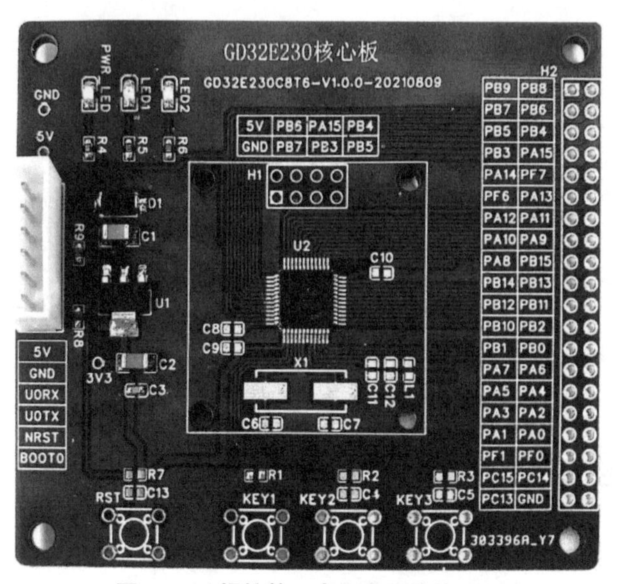

图 10-3　焊接第二步完成后的效果图

10.4.3　焊接第三步

焊接的元件号：C8，C9，C10，C11，C12，L1，C6，C7，X1，C4，C5，C13，R1，R2，R3，R7，KEY1，KEY2，KEY3，RST。焊接第三步完成后的效果图如图 10-4 所示。

验证方法：在上电之前，首先检测 5V、3.3V 和 GND 网络之间是否短路。确认没有发生短路，使用 GigaDevice MCU ISP Programmer.exe 软件将 GD32KeilPrj.hex 下载到芯片。正常状态是程序下载后，电路板上的蓝灯和绿灯交替闪烁，串口能正常向计算机发送数据。下载程序和查看串口发送数据的方法可以参照第 3 章的介绍。

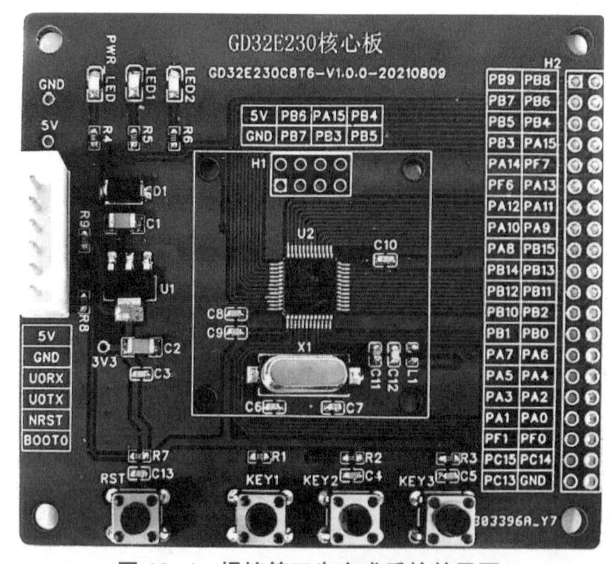

图 10-4　焊接第三步完成后的效果图

10.4.4　焊接第四步

焊接的元件号：H1，H2。焊接第四步完成后的效果图如图 10-5（a）所示，上电后的效果图如图 10-5（b）所示。

验证方法：在上电之前，首先检测 5V、3.3V 和 GND 三个网络相互之间是否短路。确认没有发生短路，再使用通信－下载模块对 GD32E230 核心板供电。供电后，使用万用表的电压挡检测 5V 和 3.3V 的测试点的电压是否正常。GD32E230 核心板的电源指示灯应为蓝色点亮状态，电路板上的蓝灯和绿灯应交替闪烁，串口能正常向计算机发送数据，OLED 能够正常显示日期和时间。

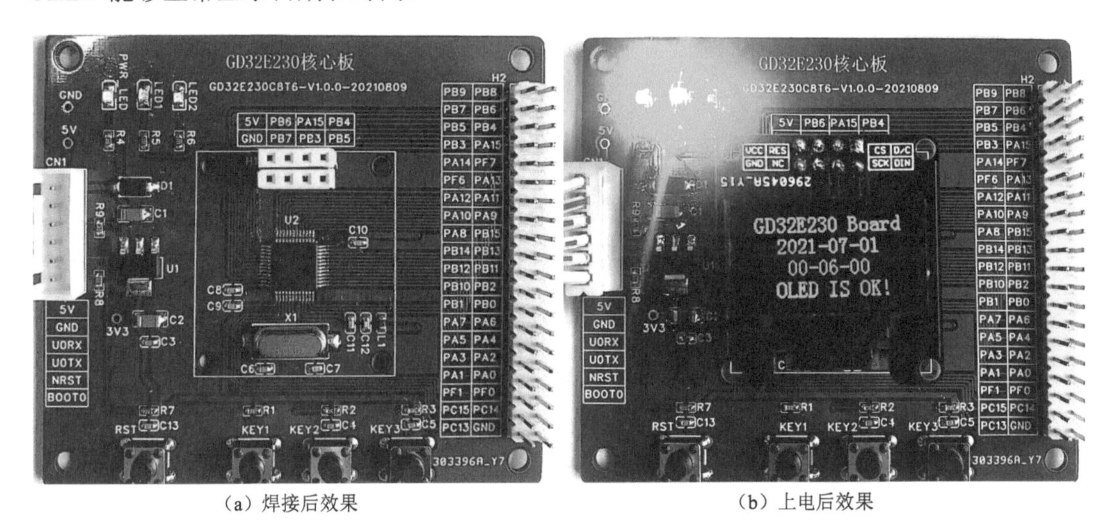

（a）焊接后效果　　（b）上电后效果

图 10-5　焊接第四步完成后的效果图

10.5　元件焊接方法详解

GD32E230 核心板使用到的元件有 19 种，读者只需要掌握其中 6 类有代表性的元件的焊接方法即可。这 6 类元件包括 GD32E230C8T6 芯片、贴片电阻、发光二极管、瞬态抑制二极管（TVS）、低压差线性稳压电源芯片、直插轻触开关。

如果按封装来分，19 种元件还可以分为两类：直插元件和贴片元件。GD32E230 核心板上的绝大多数元件都是贴片元件，这是因为贴片元件相对于直插元件具有以下优点：（1）贴片元件体积小、重量轻，容易保存和邮寄，易于自动化加工；（2）贴片元件比直插元件容易焊接和拆卸；（3）贴片元件的引入大大提高了电路的稳定性和可靠性，对于生产来说也就是提高了产品的良率。因此，GD32E230 核心板上凡是能使用贴片封装的，通常不会使用直插元件。同时，也建议读者在后续进行电路设计时尽可能选用贴片元件。

10.5.1　GD32E230C8T6 芯片焊接方法

GD32E230 核心板上最难焊接的当属封装为 LQFP48 的 GD32E230C8T6 芯片。对于刚刚接触焊接的人来说，引脚密集的芯片会让人感到头痛，尤其是这种 LQFP 封装的芯片，因为这种芯片的相邻引脚间距常常只有 0.5mm 或 0.8mm。实际上，只要掌握了焊接技巧，焊接起来也会很简单。

对于焊接贴片元件来说，元件的固定非常重要。有两种常用的元件固定方法，即单脚固定法和多脚固定法。像电阻、电容、二极管等引脚数为 2 的元件常常采用单脚固定法。而多引脚且引脚密集的元件（如各种芯片）则建议采用多脚固定法。此外，焊接时要注意控制时间，不能太长也不能太短，一般在 1 ～ 4s 内完成焊接。时间过长容易损坏元件，时间太短则焊锡不能充分熔化，造成焊点不光滑、有毛刺、不牢固，也可能出现虚焊现象。

焊接 GD32E230C8T6 芯片所采用的就是多脚固定法。下面详细介绍如何焊接 GD32E230C8T6 芯片。

图 10-6　在芯片引脚上涂上焊锡的效果图

（1）往 GD32E230C8T6 芯片封装的所有焊盘上涂一层薄薄的锡，如图 10-6 所示。

（2）将 GD32E230C8T6 芯片放置在 GD32E230 电路板的 U2 位置，如图 10-7 所示，在放置时务必确保芯片上的圆点与电路板上丝印的圆点同向，而且放置时芯片的引脚要与电路板上的焊盘一一对齐，这两点非常重要。芯片放置好后用镊子或手指轻轻压住以防芯片移动。

（3）用电烙铁的斜刀口轻压一边的引脚，把锡熔掉从而将引脚和焊盘焊在一起，如图 10-8 所示。注意，在焊接第一个边时，务必将芯片紧紧压住以防止芯片移动。再以同样的方法焊接其余三边的引脚。

图 10-7　放置芯片

图 10-8　焊接引脚

（4）GD32E230C8T6 芯片焊完之后，还有很重要的一步，就是用万用表检测 64 个引脚之间是否存在短路，以及每个引脚是否与对应的焊盘虚焊。短路主要是由于相邻引脚之间的锡渣把引脚连在一起所导致的。检测短路前，先将万用表旋到“短路检测”挡，然后将红、黑表笔分别放在 GD32E230C8T6 芯片两个相邻的引脚上，如果万用表发出蜂鸣声，则表明两个引脚短路。虚焊是由于引脚和焊盘没有焊在一起所导致的。将红、黑表笔分别放在引脚和对应的焊盘上，如果蜂鸣器不响，则说明该引脚和焊盘没有焊在一起，即虚焊，需要补锡。

（5）清除多余的焊锡。清除多余的焊锡有两种方法：吸锡带吸锡法和电烙铁吸锡法。①吸锡带吸锡法：在吸锡带上添加适量的助焊剂（松香），然后用镊子夹住吸锡带紧贴焊盘，把干净的电烙铁头放在吸锡带上，待焊锡被吸入吸锡带中时，再将电烙铁头和吸锡带同时撤离焊盘。如果吸锡带粘在了焊盘上，千万不要用力拉扯吸锡带，因为强行拉扯会导致焊盘脱落或将引脚扯歪。正确的处理方法是，重新用电烙铁头加热后，再轻拉吸锡带使其顺利脱离焊盘。②电烙铁吸锡法：在需要清除焊锡的焊盘上添加适量的松香，然后用干净的电烙铁把锡渣熔解后将其一点点地吸附到电烙铁上，再用湿润的海绵把电烙铁上的锡渣擦拭干净，重复上述操作直到把多余的焊锡清除干净为止。

10.5.2 贴片电阻（电容）焊接方法

本书中贴片电阻（电容）的焊接采用单脚固定法。下面详细介绍如何焊接贴片电阻。

（1）先往贴片电阻的一个焊盘上加适量的锡，如图 10-9 所示。

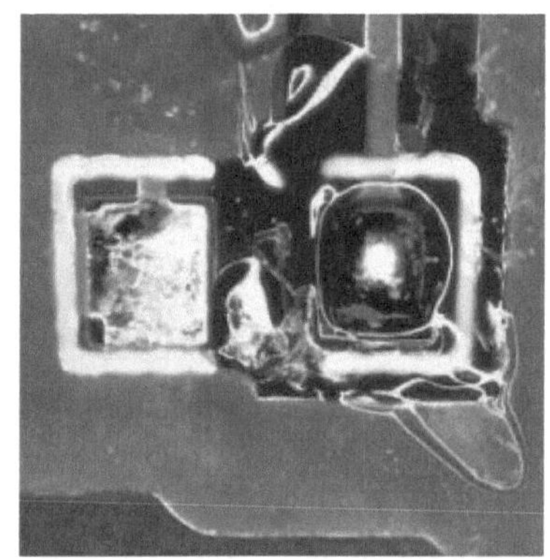

图 10-9 往贴片电阻的一个焊盘上加锡

（2）使用电烙铁头把（1）中的锡熔掉，用镊子夹住电阻，轻轻将电阻的一个引脚推入熔解的焊锡中，等待 3 ～ 5s，如图 10-10（a）所示。然后移开电烙铁，此时电阻的一个引脚已经固定好，如图 10-10（b）所示。如果电阻的位置偏了，则把锡熔掉，重新调整位置。

（a）

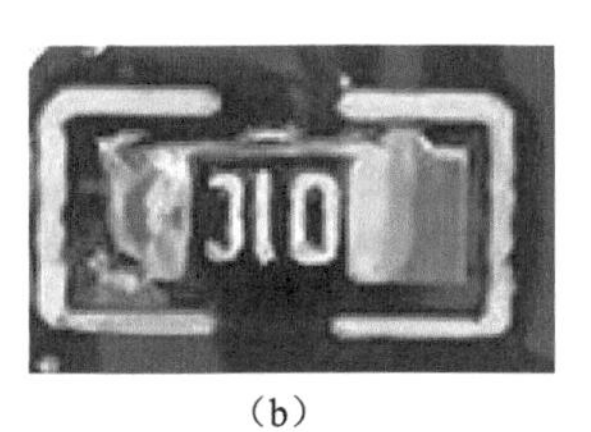

（b）

图 10-10 焊接贴片电阻的一个引脚

（3）如图 10-11（a）所示，用同样的方法焊接电阻的另一个引脚。注意，加锡要快，焊点要饱满、光滑、无毛刺。焊接完第二个引脚后的效果图如图 10-11（b）所示。焊接完成后，检测电阻两个引脚之间是否短路，再检测电阻引脚与焊盘之间是否虚焊。

（a）

（b）

图 10-11　焊接贴片电阻的另一个引脚

10.5.3　发光二极管（LED）焊接方法

与焊接贴片电阻（电容）的方法类似，焊接发光二极管（LED）采用的也是单脚固定法。下面详细介绍如何焊接发光二极管。

（1）发光二极管与电阻（电容）不同，电阻（电容）没有极性，而发光二极管有极性。首先往发光二极管的正极所在的焊盘上加适量的锡，如图 10-12 所示。

（2）使用电烙铁头把（1）中的锡熔掉，用镊子夹住发光二极管，轻轻将发光二极管的正极（绿色的一端为负极，非绿色一端为正极）引脚推入熔解的焊锡中，等待 3 ～ 5s，然后移开电烙铁，此时发光二极管的正极引脚已经固定好，如图 10-13 所示。注意，电烙铁头不可碰及贴片 LED 灯珠胶体，以免高温损坏 LED 灯珠。

图 10-12　往发光二极管正极所在焊盘上加锡

图 10-13　焊接发光二极管的正极引脚

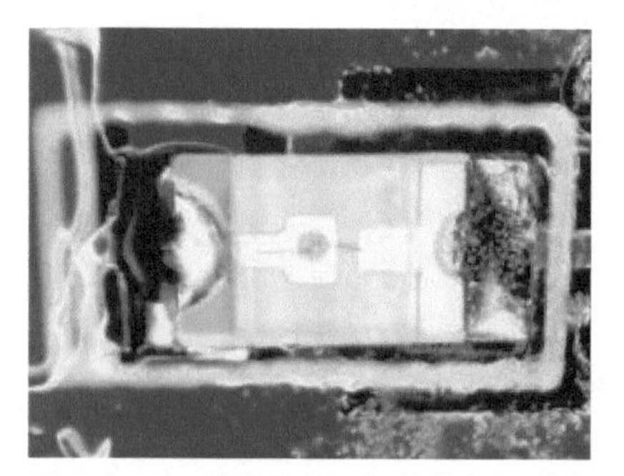

图 10-14　焊接发光二极管的负极引脚

（3）用同样的方法焊接发光二极管的负极引脚，如图 10-14 所示。焊接完后检查发光二极管的方向是否正确，并检测是否存在短路和虚焊现象。

10.5.4 瞬态抑制二极管（SMAJ5.0A）焊接方法

焊接瞬态抑制二极管（SMAJ5.0A）仍采用单脚固定法，在焊接时也要注意极性。下面详细介绍如何焊接瞬态抑制二极管（SMAJ5.0A）。

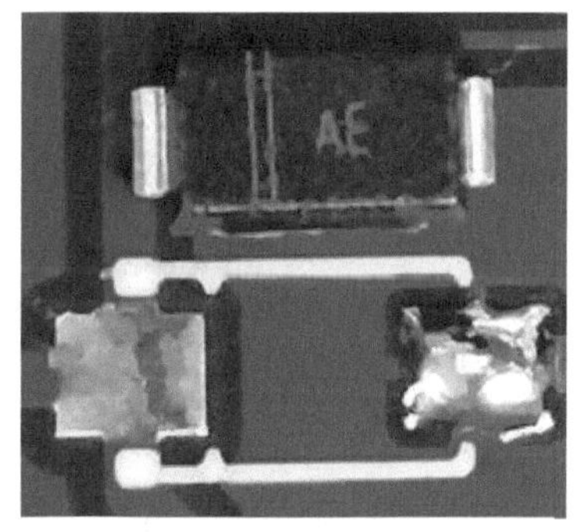

图 10-15 往瞬态抑制二极管正极所在焊盘上加锡

（1）瞬态抑制二极管也有极性。首先往瞬态抑制二极管的正极所在的焊盘上加适量的锡，如图 10-15 所示。

（2）使用电烙铁头把（1）中的锡熔掉，用镊子夹住瞬态抑制二极管，轻轻地将正极（有竖向线条的一端为负极）引脚推入熔解的焊锡中，等待 3 ～ 5s，然后移开电烙铁，此时瞬态抑制二极管的正极引脚已经固定好，如图 10-16 所示。

（3）用同样的方法焊接负极，如图 10-17 所示。焊接完后检查瞬态抑制二极管的方向是否正确，并检测是否存在短路和虚焊现象。

图 10-16 焊接瞬态抑制二极管的正极引脚

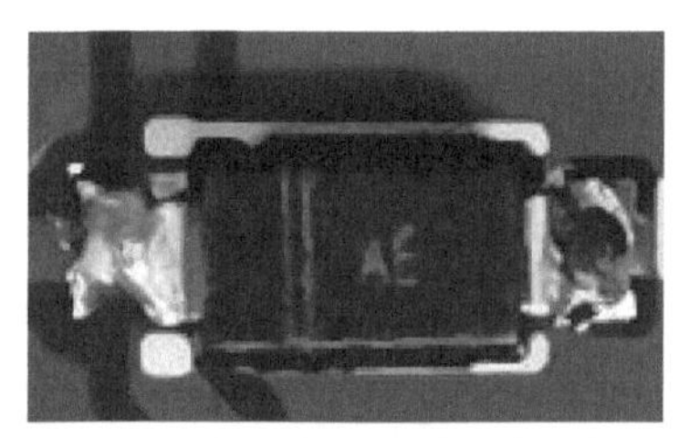

图 10-17 焊接瞬态抑制二极管的负极引脚

10.5.5 低压差线性稳压芯片（AMS1117）焊接方法

GD32E230 核心板上的低压差线性稳压芯片（AMS1117）有 4 个引脚，焊接采用的同样是单脚固定法。下面详细介绍焊接低压差线性稳压芯片（AMS1117）的方法。

（1）先往低压差线性稳压芯片（AMS1117）的最大引脚所对应的焊盘上加适量的锡，再用镊子夹住芯片，轻轻将最大引脚推入熔解的焊锡中，等待 3 ～ 5s，然后移开电烙铁，此时芯片最大的引脚已经固定好，如图 10-18 所示。

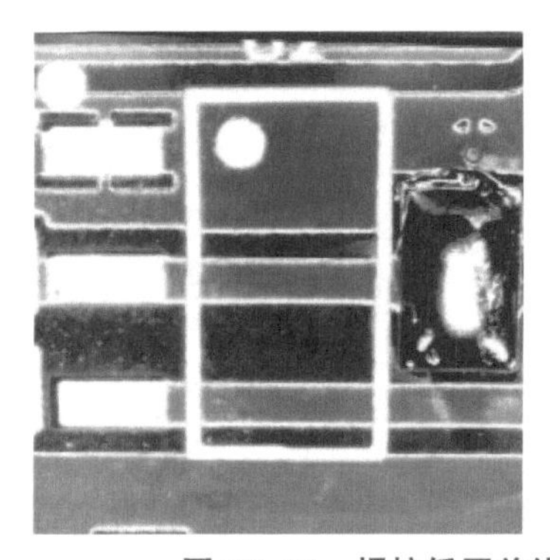

图 10-18 焊接低压差线性稳压芯片的最大引脚

（2）向其余 3 个引脚分别加锡，如图 10-19 所示。焊接完后，检测是否存在短路和虚焊现象。

图 10-19 焊接低压差线性稳压芯片的其余引脚

10.5.6 直插轻触开关焊接方法

GD32E230 核心板的底部有 4 个轻触开关（RST、KEY1、KEY2、KEY3），这种轻触开关只有 4 个引脚，焊接时采用单脚固定法。下面详细介绍 4 脚贴片轻触开关的焊接方法。

（1）把轻触开关插入焊盘，如图 10-20 所示。

（2）在电路板的背面，用电烙铁给轻触开关的 4 个引脚加焊锡，如图 10-21 所示。

图 10-20 轻触开关插入焊盘

图 10-21 焊接轻触开关引脚

本章任务

学习完本章后，应能熟练使用焊接工具，完成至少一块 GD32E230 核心板的焊接，并验证通过。

本章习题

1．焊接电路板的工具都有哪些？简述每种工具的功能。

2．万用表是进行焊接和调试电路板的常用仪器，简述万用表的功能。